地球观测与导航技术丛书

星载雷达高度计
数据处理及陆地应用

廖静娟　著

科学出版社

北　京

内 容 简 介

　　本书从分析星载雷达高度计发展概况及趋势入手,论述星载雷达高度计的应用领域及研究现状,介绍星载雷达高度计原理和测高数据处理方法,展示星载雷达高度计数据在湖泊水位监测、冰盖高程变化监测等方面的应用,探讨包括天宫二号三维成像雷达高度计和合成孔径干涉雷达高度计等新型星载雷达高度计数据的处理及应用,并展望星载雷达高度计在陆地领域的应用前景。

　　本书适合微波遥感、全球变化、水文、测绘等方面的专家、学者和高校师生阅读,也可作为遥感、测绘、地理信息系统等专业的科研院所研究人员、高等院校师生的参考用书。

图书在版编目(CIP)数据

　星载雷达高度计数据处理及陆地应用 / 廖静娟著. —北京:科学出版社,2020.2
　（地球观测与导航技术丛书）
　ISBN 978-7-03-063979-0

　Ⅰ. ①星… Ⅱ. ①廖… Ⅲ. ①卫星载雷达-卫星高度计-数据处理-研究　Ⅳ. ① P228.3

中国版本图书馆 CIP 数据核字（2019）第 300144 号

责任编辑:朱　丽　李秋艳　吴春花 / 责任校对:樊雅琼
责任印制:吴兆东 / 封面设计:图阅社

科 学 出 版 社 出版
北京东黄城根北街 16 号
邮政编码:100717
http://www.sciencep.com

北京虎彩文化传播有限公司 印刷
科学出版社发行　各地新华书店经销
*
2020 年 2 月第 一 版　开本:787×1092　1/16
2021 年 4 月第二次印刷　印张:10 1/4
字数:250 000
定价:98.00 元
（如有印装质量问题,我社负责调换）

"地球观测与导航技术丛书"编委会

顾问专家

徐冠华　　龚惠兴　　童庆禧　　刘经南　　王家耀
李小文　　叶嘉安

主　编

李德仁

副主编

郭华东　　龚健雅　　周成虎　　周建华

编　委（按姓氏汉语拼音排序）

鲍虎军　　陈　戈　　陈晓玲　　程鹏飞　　房建成
龚建华　　顾行发　　江碧涛　　江　凯　　景贵飞
景　宁　　李传荣　　李加洪　　李　京　　李　明
李增元　　李志林　　梁顺林　　廖小罕　　林　珲
林　鹏　　刘耀林　　卢乃锰　　闾国年　　孟　波
秦其明　　单　杰　　施　闯　　史文中　　吴一戎
徐祥德　　许健民　　尤　政　　郁文贤　　张继贤
张良培　　周国清　　周启鸣

"地球观测与导航技术丛书"编写说明

地球空间信息科学与生物科学和纳米技术三者被认为是当今世界上最重要、发展最快的三大领域。地球观测与导航技术是获得地球空间信息的重要手段，而与之相关的理论与技术是地球空间信息科学的基础。

随着遥感、地理信息、导航定位等空间技术的快速发展和航天、通信和信息科学的有力支撑，地球观测与导航技术相关领域的研究在国家科研中的地位不断提高。我国科技发展中长期规划将高分辨率对地观测系统与新一代卫星导航定位系统列入国家重大专项；国家有关部门高度重视这一领域的发展，国家发展和改革委员会设立产业化专项支持卫星导航产业的发展；工业和信息化部、科学技术部也启动了多个项目支持技术标准化和产业示范；国家高技术研究发展计划（863 计划）将早期的信息获取与处理技术（308、103）主题，首次设立为"地球观测与导航技术"领域。

目前，"十一五"规划正在积极向前推进，"地球观测与导航技术领域"作为 863 计划领域的第一个五年规划也将进入科研成果的收获期。在这种情况下，把地球观测与导航技术领域相关的创新成果编著成书，集中发布，以整体面貌推出，当具有重要意义。它既能展示 973 计划和 863 计划主题的丰硕成果，又能促进领域内相关成果传播和交流，并指导未来学科的发展，同时也对地球观测与导航技术领域在我国科学界中地位的提升具有重要的促进作用。

为了适应中国地球观测与导航技术领域的发展，科学出版社依托有关的知名专家支持，凭借科学出版社在学术出版界的品牌启动了"地球观测与导航技术丛书"。

丛书中每一本书的选择标准要求作者具有深厚的科学研究功底、实践经验，主持或参加 863 计划地球观测与导航技术领域的项目、973 计划相关项目以及其他国家重大相关项目，或者所著图书为其在已有科研或教学成果的基础上高水平的原创性总结，或者是相关领域国外经典专著的翻译。

我们相信，通过丛书编委会和全国地球观测与导航技术领域专家、科学出版社的通力合作，将会有一大批反映我国地球观测与导航技术领域最新研究成果和实践水平的著作面世，成为我国地球空间信息科学中的一个亮点，以推动我国地球空间信息科学的健康和快速发展！

李德仁

2009年10月

序

  星载雷达测高技术具有全球快速覆盖能力，在海洋领域应用中取得了巨大的成功。随着对地观测技术的发展，该技术也被应用于陆地测量，在内陆水体和冰盖测量等方面正发挥着越来越重要的作用。近年来，随着合成孔径雷达和合成孔径干涉雷达技术应用于测高领域，其在海洋和陆地的应用达到新的高潮。我国在雷达测高技术的投入也在加大，除了 2011 年发射的海洋二号（HY-2A）卫星外，在天宫二号空间实验室上装载的三维成像微波高度计（InIRA）是世界上首次实现宽刈幅高度测量并能进行三维成像的微波高度计。这些雷达高度计的发射标志着我国雷达测高技术已达到很高水平，研究成果在不断涌现。

  该书作者廖静娟于 1993 年获博士学位后就职中国科学院遥感应用研究所（现中国科学院遥感与数字地球研究所）开始雷达遥感研究工作，先后在雷达遥感领域发表了一系列论文和专著。近年来，她开始关注雷达测高技术在内陆湖泊水位测量的应用，在国家自然科学基金、国家重点研发计划等项目的支持下，实现了雷达测高技术应用于全球、全国和青藏高原湖泊水位变化的测量，取得了卓有成效的成果。该书是其研究团队将星载雷达测高技术应用于陆地领域的成果总结，相信对相关学者具有重要的参考价值。

  展望未来雷达测高技术的发展趋势，在测高雷达系统方面将有更多的新技术得到发展并应用于海洋和陆地领域。随着多种测高卫星计划不断得以实施，星载测高海量数据不断增加，数据精度不断提高，利用卫星测高数据开展科学研究的同时，业务化应用也不断深入，因而使得卫星测高数据成为了全球变化研究和行业应用不可或缺的宝贵信息源。对星载雷达测高数据进行科学处理和信息加工，实现数据的增值应用，是科学家的任务和责任。在祝贺该书出版之际，也期待廖静娟和她的团队继续瞄准目标，潜心科研，不断取得更多高水平成果，为国家空间对地观测技术的发展助力，为国家的经济建设和可持续发展贡献力量。

中国科学院院士

2019 年 9 月

前　　言

卫星测高技术诞生于 20 世纪 60 年代末，由于其具有快速的全球覆盖能力，最初被用于海洋、大地测量和地球物理测量等领域。例如，对于海洋上的各种自然现象及其变化，卫星测高能够进行大范围、高精度、周期性地探测，具有其他观测技术无可比拟的优越性，大大提高了人类对海洋认识的广度和深度。90 年代，随着 ERS-1/2、TOPEX/Poseidon（T/P）、GFO 等卫星计划的顺利实施，卫星测高技术也逐渐应用到内陆，逐渐显示出其在湖泊水位监测和冰盖测量中的潜力。

卫星测高即利用卫星搭载的雷达/激光雷达高度计测量卫星至地球表面的高度，是空间技术与信息技术相互交叉的结晶。目前，已有的星载高度计主要有激光雷达高度计、脉冲有限高度计、合成孔径雷达（synthetic aperture radar，SAR）高度计、合成孔径雷达干涉（synthetic aperture radar interferometry，SARIn）高度计。除激光雷达高度计外，其他均是微波高度计。SAR 高度计和 SARIn 高度计是近年来出现的新型雷达高度计，SARIn 高度计将传统的一维、沿轨剖面测高过渡到二维宽刈幅干涉测高，使得空间分辨率和时间分辨率得到了巨大的提升。目前，在轨运行的有 Cryosat-2 和天宫二号三维成像微波高度计（interferometric imaging radar altimeter，InIRA），而计划于 2021 年发射的 SWOT（surface water and ocean topography）卫星，也将采用合成孔径干涉雷达技术，且已被美国国家研究委员会推荐为"未来 10 年 NASA 承担的地球科学和应用的国家重点计划"，将为星载雷达高度计的应用带来更多契机。

在星载雷达高度计的陆地应用中，湖泊水位监测和冰盖测量是其中最主要的应用。对于湖泊水位监测，传统的水文站观测方式虽然能够获取连续、高精度的水位数据，但由于水文站点分布的有限性和湖泊区域的复杂性，特别是在自然条件恶劣和复杂的区域，水文站点测量基本难以进行。同时，近年来全球水文站数量在不断减少，加之很多国家的湖泊水文观测数据并不公开，这些因素都给监测全球及区域湖泊的水位变化造成了阻碍。因此，通过水文站测量方式难以实现对全球及区域湖泊水位的持续、有效观测。作为替代方法的卫星测高技术，经过数十年的发展，已经在湖泊水位变化监测等领域取得重要应用。近年来，卫星测高技术进一步发展，星载雷达高度计数据反演湖泊水位的精度日益提升。在冰盖测量应用上，卫星测高技术能克服环境恶劣、地处偏远、地形复杂和缺少足够的地面控制点等局限，为冰盖高程的监测提供有效手段。针对这两方面的应用，作者所在的研究团队在相关项目的支持下，利用多源星载雷达高度计数据开展了湖泊水位监测和冰盖高程测量的研究。本书是作者近年来在该领域最新研究成果的阶段性总结。

第 1 章主要论述星载雷达高度计发展概况、应用领域及发展趋势；第 2 章和第 3 章介绍星载雷达高度计原理和测高数据处理方法；第 4 章和第 5 章探讨星载雷达高度计数据在湖泊水位监测、冰盖高程变化监测等方面的应用；第 6 章介绍新型星载雷达高度计数据的处理及应用，包括天宫二号 InIRA 数据和 Cryosat-2 SARIn 数据。

本书相关研究工作得到了国家自然科学基金（41871256、41590855）、国家重点研发计划（2016YFB0501501）、中国科学院对地观测与数字地球科学中心主任创新基金（Y2ZZ17101B）等项目的支持。参加研究与撰写工作的人员还有薛辉、高乐博士，赵云、陈嘉明、黄卫东、闫强等硕士。研究中，多种星载雷达高度计数据由欧洲空间局提供，天宫二号 InIRA 数据由中国科学院国家空间科学中心和载人航天空间应用数据推广服务平台提供，地面测量水位数据由青海省水文和水资源勘测局、水利部黄河水利委员会和中国科学院青藏高原研究所提供。在此一并表示衷心的感谢。

卫星测高技术的发展方兴未艾，一些原理和技术还在不断探索，在湖泊水位监测、冰盖测量等陆地应用中显示出了巨大潜力。本书仅反映了作者的部分研究成果和思想，限于作者水平，疏漏之处在所难免，敬请广大读者批评指正。

作　者

2019 年 7 月

目　　录

第1章 绪　论

卫星雷达测高技术产生于 20 世纪 60 年代末，是随着空间技术的不断进步而发展起来的新兴边缘科学（王广运等，1995）。由于卫星雷达测高技术具有快速的全球覆盖能力，能够从宇宙空间大范围、高精度、周期性地探测海洋和陆地的各种现象及其变化，在研究全球地球重力场模型、精化大地水准面，以及大洋环流、海平面变化、岩石圈断裂带、大尺度海底地形、陆地湖泊、河流、冰川等方面，具有其他手段无法比拟的技术优势（蔡玉林等，2006）。经过 40 多年的发展和深入研究，卫星雷达测高技术已日趋成熟，应用范围不断扩大，社会效益越来越显著。

1.1　星载雷达高度计发展概况

1.1.1　星载雷达高度计发展历程

1969 年，美国大地测量学家 W.M.Kaula 在固体地球与海洋物理大会上首次提出卫星测高（何宜军，2002）。1973 年 5 月，美国国家航空航天局（National Aeronautics and Space Administration，NASA）发射了 Skylab 太空站，其上搭载的 S-193 型测高计是世界上首台星载雷达高度计（Mcgoogan et al., 1974）。尽管该高度计存在较大测高误差，但是为后续测高卫星的发展奠定了基础（郭金运等，2013）。自此以后，各类测高卫星相继发射（表 1.1），开启了卫星测高的新时代。

表 1.1　星载雷达高度计发展现状（截至 2018 年）

卫星平台	雷达高度计	运行时间	模式	采用波段	重访周期*	轨道间距**
Skylab	S-193	1973 年	脉冲有限	Ku	—	—
GEOS-3	ALT	1975~1979 年	脉冲有限	Ku	23 天	—
Seasat	ALT	1978 年	脉冲有限	Ku	17 天	—
Geosat	Radar Alt	1985~1990 年	脉冲有限	Ku	17 天	8km
ESR-1	RA-1	1991~1995 年	脉冲有限	Ku	35 天	80km
TOPEX/Poseidon	ALT/Poseidon-1	1992~2006 年	脉冲有限	Ku 和 C	10 天	315km
ERS-2	RA-1	1995~2003 年	脉冲有限	Ku	35 天	80km
GFO	Radar Alt	1998~2008 年	脉冲有限	Ku	17 天	165km
Jason-1	Poseidon-2	2001~2013 年	脉冲有限	Ku 和 C	10 天	315km
ENVISAT	RA-2	2002~2012 年	脉冲有限	Ku 和 S	35 天	80km
ICESat-1	GLAS	2003~2010 年	激光雷达	1064nm 和 532nm	183 天	15km
Jason-2	Poseidon-3	2008 年至今	脉冲有限	Ku 和 C	10 天	315km

卫星平台	雷达高度计	运行时间	模式	采用波段	重访周期*	轨道间距**
Cryosat-2	SIRAL	2010 年至今	脉冲有限	Ku	369 天	7.5km
			SAR		子周期 30 天	
			SARIn			
HY-2A	HY-2A	2011 年至今	脉冲有限	Ku 和 C	14 天	208km
SARAL	AltiKa	2013 年至今	脉冲有限	Ka	35 天	80km
Jason-3	Poseidon-3B	2016 年至今	脉冲有限	Ku 和 C	10 天	315km
Sentinel-3A	SRAL	2016 年至今	SAR	Ku 和 C	27 天	104km
Tiangong-2	InIRA	2016~2018 年	SARIn	Ku	—	—
ICESat-2	ATLAS	2018 年至今	激光雷达	532nm	91 天	—
Sentinel-3B	SRAL	2018 年至今	SAR	Ku 和 C	27 天	104km

*卫星运行期间的主要重访周期；**卫星在赤道上的地面轨迹间距

1975 年，美国国家航空航天局发射了高度计卫星 GEOS-3，采用了脉冲压缩技术，测高精度提高到 0.25~0.5m（Stanley，1979），为后续高度计的发展奠定了坚实的基础，但它仍然没有达到能够提取有用科学数据的实用阶段。

1978 年，美国国家航空航天局发射了第一颗海洋实验卫星 Seasat，其上装载的高度计采用了全去斜坡（full-deramp）技术，提高了高度计的分辨率，测高精度达到 10cm 左右（Lame and Born，1982；Bernstein et al.，1982），在此之后的高度计都采用了全去斜坡技术。Seasat 卫星较高的测距精度，使得利用卫星监测洋流的变化成为可能。由于电池故障，该卫星仅工作了 3 个月。尽管其运行寿命较短，仍首次为人们提供了较高质量的所有海区的海洋大地水准面数据，并证实了高度计在研究海洋动力学和地球物理学方面的巨大潜力，对雷达高度计的发展具有决定性意义。

1985 年，美国海军发射了 Geosat 卫星，该卫星为军民两用，以军用为主，其目的在于获取高密度的全球测高数据，用于改进现有地球重力场及海洋大地水准面。卫星携带的雷达高度计工作频率为 13.5GHz，测高精度为 10~20cm（Douglas and Cheney，1990）。卫星计划包括两个任务：大地测量任务（geodetic mission，GM）和精确重复任务（exact repeat mission，ERM）。大地测量任务从 1985 年 3 月开始，使用近似重复周期观测了 18 个月，主要目的是提供高分辨率的海洋大地水准面、垂直偏差及飞行中制图补偿；确定需船舶进行详查的特定区域；发现可能的水下航行水深突变灾害区。大地测量任务结束后，卫星姿态调整到精确重复任务。该任务使用重复周期为 17.05 天的精确重复轨道，重复轨道的地面轨迹与 Seasat 的地面轨迹相同，其数据被广泛应用于地球重力场、海山海沟探测、海面地形测量等研究。Geosat 计划的不足之处在于定轨使用的多普勒系统提供的轨道精度较低，由于太阳活动加强，电离层对定轨的影响加剧，卫星轨道径向测量精度下降，精度不足 30cm，同时，卫星上没有配备微波辐射计，无法测量大气中的水蒸气含量，限制了大气校正的精度，从而限制了 Geosat 卫星在许多领域（如全球海平面变化、洋流监测和厄尔尼诺监测等）的应用。因此，美国海军于 1998 年发射了 Geosat 的后继卫星 GFO，测高误差为±3.5cm（何宜军等，2002）。

1991 年，欧洲空间局（European Space Agency，ESA）发射了欧洲第一颗遥感卫星 ERS-1，其携带的雷达高度计测高精度约 3cm，用途与 Geosat 大致相同，卫星轨道重复周期为 35 天，它和 1995 年发射的 ERS-2 上均载有 Ku 波段（13.5GHz）的雷达高度计，主要用于全球范围的重复性环境监测，包括全球海浪动态情况、海面风场及其变化、大洋环流、海洋及陆地表面的测高监测。ERS-1/2 高度计虽然具有对各种表面兼容的测高功能，但跟踪容易失锁。2002 年，欧洲空间局发射了 ENVISAT，ENVISAT 雷达高度计在跟踪方式上采用了模型无关的算法，大大增强了对海洋、海冰、陆地等各种类型表面的跟踪能力。ENVISAT 雷达高度计的测高范围为南北纬 81.45°，重复周期为 35 天，轨道间距为 80km，载有频率为 3.2GHz 和 13.575GHz 的双频测高仪，测高精度为±2cm。

1992 年，美国国家航空航天局和法国空间研究中心（Centre National d'Etudes Spatiales，CNES）合作发射了 TOPEX/Poseidon 卫星（简称 T/P 卫星），其高度计的测高精度达 2.4cm，完全满足卫星业务应用的需要，之后，海洋地形卫星应用研究在世界范围内广泛开展，提高了人类对全球海洋现象的认识。其后继卫星 Jason-1 于 2001 年发射，轨道参数与 T/P 卫星基本相同，测高精度为±1.5cm。Jason-1 卫星继承了 T/P 卫星的设备和数据处理系统，与 T/P 卫星具有同样的精度，但重量比 T/P 轻。2003 年，美国又发射了 ICESat 卫星，其上携带激光雷达高度计，观测范围为南北纬 86°，重复周期为 183 天，地面轨迹为 15km，在冰面的测高精度为±10cm。

2010 年，欧洲空间局在 2005 年 Cryosat-1 卫星发射失败的基础上成功发射了 Cryosat-2 卫星，该卫星密切跟踪极地冰层和海洋浮冰的厚度及其他参数变化，通过测量浮冰顶部与海面之间的距离，计算得到浮冰的总体积，从而确定冰川融化现象与全球气候变暖之间的关系。Cryosat-2 卫星携带的全天候微波雷达测高仪的垂直测量精度达 1～3cm，可随时掌握两极冰盖厚度的变化情况。

Cryosat-2 卫星的雷达高度计在现有高度计的基础上进行了若干改正来提高测量的精度。它运行有 SAR 和 SARIn 模式，相较于 ERS-1 雷达高度计，Cryosat-2 卫星利用合成孔径技术将沿轨道方向的分辨率提高到 250m（ERS-1 的分辨率约 5km），使得更精确的高度测量变为可能。

2011 年，我国第一颗海洋动力环境卫星（HY-2）发射，其中包括一部双频雷达高度计，重复周期为 14 天，星下点海面测高精度优于 8cm（蒋兴伟等，2013）。2013 年，法国和印度联合研制的 SARAL/AltiKa 卫星成功发射，Ka 波段（35.75GHz）的独特设计，使其具有更小的足迹点和更高的测高精度。2016 年，欧洲空间局第三颗环境监测卫星 Sentinel-3 发射成功，其上携带合成孔径雷达高度计（synthetic aperture radar altimeter，SRAL），同年 9 月，我国天宫二号空间实验室发射升空，其上装载的 InIRA 是世界上首次实现宽刈幅海面高度测量并能进行三维成像的微波高度计，这些星载高度计在海洋动力环境探测、全球气候变化应对等方面发挥了重要作用。

综上所述，卫星测高技术处于不断的发展中，其实用性得到了系统发展，技术水平和测量精度也在不断提高。近几年以及将来的几十年，世界各国还将继续发射载有雷达高度计的卫星平台。根据卫星测高技术的原理，测高的精度主要取决于高度计精度、径向定轨精度和对测高值进行地球物理改正（如大气延迟、电离层改正等）的情况，其中最大程度上取决于定轨精度的提高。在卫星测高技术发展的早期阶段，卫星精密定轨水平较低，轨道精度一般为几十厘米，难以探测到变化幅度不超过几厘米的海洋现象的变化。直至 20 世纪 90 年代，以 T/P 卫星的发射为标志，随着卫星精密定轨技术的发展，定轨精度达到厘米量级，卫星测高技术进入一个新的发展时期，使得卫星测高技术在应用上进入定量阶段（董晓军和黄珹，1997）。

近几十年来，随着观测手段的更新，数据采集由点到面，研究地域类型和范围更加广泛。但在实际应用中，不同周期的卫星数据间存在卫星轨道不严格重复、星下点在全球分布不均匀等问题，要想得到高精度的监测结果，还需对数据做相应的处理。例如，针对卫星轨道不严格重复问题，通常采用"共线法平差"（李建成等，2000）原理来消除误差，测高卫星提供了每个正常点不同周期海面高的观测值，进而可研究每一正常点处观测时间内的海面变化；针对每一重复周期内监测点不均匀分布的问题，则采用"加权平均"的方法来解决，人们不仅关心某一点上的海面变化，还关心某个区域甚至全球的海面变化，通过"加权平均"处理后的测高数据正好满足这方面的需要（于宜法，2004）。因此，随着数据处理方法的不断完善，卫星测高数据的应用逐步从一个个点的变化，逐步扩展到整个面上的变化监测和研究。

1.1.2 已有的星载雷达高度计

1. 早期实验测高卫星

1）Skylab

美国太空实验室 Skylab 可以说是最早搭载有高度计的卫星，也是美国空间站的最早实验卫星，该卫星发射于 1973 年 5 月 14 日，属于低轨卫星，卫星高度只有 435km，轨道倾角为 50°。该卫星携带了一个非常普通的微波观测系统 S-193，S-193 为第一个星载高度计，其目的主要是对太阳和地球进行工业试验以及研究海洋状态对脉冲特征的影响，系统使用的脉冲宽度为 0.1ms，可以获取约 15m 的分辨率。虽然高度计只能在低轨道段运行，但通过 Skylab 证实了高度计可以观测到海洋大地水准面的粗略特征，如观测到主要的海沟，同时 Skylab 证明了测高概念具有强大的生命力和发展潜力，为后续高度计的发展提供了许多宝贵的技术依据，奠定了卫星测高学的技术基础。

2）GEOS-3

1975 年 4 月 9 日，美国国家航空航天局发射了第一颗专门用于测高的海洋地形卫星，即地球动力学实验海洋卫星 GEOS-3，其轨道径向精度可达 2m，轨道高度为 840km，卫星倾角为 115°。GEOS-3 卫星的任务是进一步了解地球引力场、地球大地水准面的大小和形状、深海潮汐、海洋状态、地壳结构、固体地球动力学和遥感技术。GEOS-3 项目是 GEOS 计划与新兴的美国国家航空航天局地球和海洋物理应用计划之间的跳板。GEOS-3 卫星任务提供的数据进一步促进了各领域的科学认知，该任务的海洋高度数据集首次全面覆盖了世界海洋的大部分区域，不仅可更好地了解海洋大地水准面、海洋高度，还提供了关于大地水准面的准静态偏离信息，如电流、涡流、风暴潮等事件。GEOS-3 卫星返回的波形数据还可用于推导海面风速，可保持对地形和冰的追踪，且其高度计数据还可应用于许多重力模型，如 GEM-T3、JGM-1 和 JGM-2 等。同时，自 GEOS-3

卫星之后，所有高度计都使用了脉冲压缩技术，该技术的应用使得分辨率的提高成为可能。与 Skylab 高度计相比，GEOS-3 卫星的精度和分辨率均有很大提高，各方面都有了许多重大的改进，如仪器性能有了进一步的改善，全球覆盖范围也有较大提高，但是受到精度的限制，这些性能的改善仍然不足以保证能从观测值中提取出用于科学研究的信息。

3）Seasat

1978 年 6 月 28 日，美国国家航空航天局发射了海洋卫星 Seasat，卫星轨道高度为800km，运行周期为 100min，轨道倾角为 108°。在 Seasat 卫星上，搭载了许多新的仪器设备，主要有合成孔径雷达，用来提供高质量详细的海洋和陆地雷达图像；雷达散射计，用来测量近地面风速及其方向；多频段微波辐射计，用来测量地面温度、风速及海冰覆盖；雷达高度计，用来测量海面和浪高。为了对 Seasat 卫星的雷达高度计进行改进，仅直接更新早期 GEOS-3 卫星的设计并不能满足需要。GEOS-3 卫星中使用的脉冲压缩滤波技术过于简单，只能直接完成必要的波形处理，不能满足 Seasat 卫星的要求，因此采用了全去斜坡技术，使接收机不需要进行压缩滤波处理。从 Seasat 卫星开始，所有高度计都使用了该技术，大大提高了分辨率。在 Seasat 卫星设计中，增加了回波采样的数量，采样间隔为 3.125ns，在海洋波高达 20m 时，采样点分别在海洋回波的展开范围内进行测量。在这种情况下，波形采样通过带宽为 312.5kHz 的一个滤波库完成。与早期的高度计设计相比，波形采样测量构成了高度跟踪处理的主要部分。不幸的是，由于功率子系统失败，Seasat 卫星在运行 99 天后于 1978 年 10 月就失效了。虽然 Seasat 卫星仅运行约3 个月的时间，但 Seasat 卫星首次提供了全球范围的海洋环流、波浪和风速。

2. 军用测高卫星

1）Geosat

1985 年 3 月 12 日，美国海军发射了大地测量卫星 Geosat，卫星轨道高度约 800km，轨道倾角为 108°，主要目的是为美国海军测量海洋大地水准面，并为其提供海况和风速观测数据，进而增加人类对海洋大地水准面的认识。Geosat 卫星首先执行的是大地测量任务，任务前后持续 18 个月，此项任务的数据一直保密了许多年。大地测量任务完成之后，1986 年 11 月 8 日开始，Geosat 卫星转而执行精确重复任务，精确重复任务轨道重复周期为 17 天，地面轨迹与原来的 Seasat 卫星相同，此阶段的数据可以免费使用，进而为科学界提供了长期高质量的高度计观测数据。Geosat 卫星前后工作了近五年，首次提供了具有重复性、高分辨率、长期高质量的全球海面高度数据集，标志着卫星测高技术进入成熟阶段。1997 年，美国国家海洋和大气管理局（National Oceanic and Atmospheric Administration，NOAA）发布的 Geosat JGM-3-GDR 测高数据，其交叉点的中误差只有13cm，采用 1993 年多普勒跟踪数据，并利用当时最新的 JGM-3 地球重力场模型改进了卫星轨道，使得径向轨道误差提高到 10cm 的水平。由于全部大地测量任务和精确重复任务数据的轨道计算基于精度较高的 JGM-3 地球重力场模型，并且提高了高度计各项地球物理方面的改正精度，测高数据质量较以前的版本有了很大的提高。

2）GFO

GFO 卫星属于 Geosat 的后续卫星，于 1998 年 2 月 10 日发射成功，按原来 Geosat

卫星精确重复轨道继续运行，轨道高度为880km，轨道倾角为108°，运行周期为100min，轨道偏心率为0.001，卫星质量为300kg。GFO卫星的主要星载仪器为雷达测高计，主要任务是为美国海军提供近实时的海洋地形数据。通过GFO卫星对中尺度和盆地尺度的海洋现象进行精确观测，海洋学家可以精确测量海面地形。GFO卫星集成星载全球定位系统（global position system，GPS）和卫星激光测距（satellite laser ranging，SLR）技术，实现了卫星的精密定轨，可对星载雷达测高计进行校准。由于GFO卫星为军用目的的卫星，开始时数据一般不向用户开放，只有向美国国家海洋和大气管理局申请的科学与商业用户才有权使用该产品。与其他测高卫星不同的是，GFO卫星的主要仪器为雷达高度计，属于专门的测高卫星。

3. 海洋综合环境监测卫星

1）ERS-1/2

ERS-1卫星的主要任务是进行地球观测，利用雷达高度计准确进行地球的海洋测深和大地水准面测量。ERS-1卫星于1991年7月17日发射成功，卫星轨道高度约785km，轨道倾角为98.52°。1996年6月，为了履行多学科任务进行了重复周期改变，最后ERS-1卫星任务结束于2000年3月。ERS-1卫星任务执行期间，前后使用了3个不同的轨道，第一个为3天重复周期轨道，主要用于校正和海冰观测；第二个为35天重复周期轨道，主要用于多学科任务之间的海洋观测；第三个为168天重复周期轨道，主要用于大地测量。ERS-1卫星搭载的星载仪器主要有合成孔径雷达、沿轨扫描辐射计、雷达高度计、风散射仪和微波辐射计等。

ERS-2卫星为ERS-1的后续卫星，于1995年4月发射成功，其轨道高度、轨道倾角、技术参数与ERS-1卫星一致，该卫星的主要任务是进行地球观测，特别是进行大气和海洋观测。1995年8月到1996年6月，ERS-2卫星与ERS-1卫星构成了一前一后的并具有相同轨道周期（35天）的卫星观测系统。此外，在偏航操纵模式（yaw steering mode，YSM）下，ERS-2卫星为三轴稳定并指向地球的卫星。2003年6月22日开始，ERS-2卫星上用于记录高度计数据的磁带机因故障影响了数据的记录存储，只有当卫星飞越欧洲、北大西洋、北极和北美西部地区时，地面站才可以获取数据，在其他地区则无法获取测高数据。ERS-2卫星搭载的星载仪器主要有合成孔径雷达、沿轨扫描辐射计、雷达高度计、风散射仪、微波辐射计和全球臭氧检测实验仪器。

2）ENVISAT

ENVISAT卫星为ERS-1/2的后续卫星，由欧洲空间局研制，于2002年3月1日发射成功，主要用于环境研究，特别是气候变化研究。ENVISAT卫星轨道与ERS-2相似，轨道为距地面764～825km的太阳同步轨道，轨道倾角为98.55°，重复周期为35天，实际地面轨迹与标称偏差保持在1km以下。由于ENVISAT卫星是一颗新的全球气候研究计划［如全球海洋观测系统（global ocean observation system，GOOS）和全球海洋数据同化实验（global ocean data assimilation experiment，GODAE）］综合卫星，可提供近实时的观测数据，开创了海洋学研究的新纪元。ENVISAT卫星共携带10种不同的传感器，包括第二代雷达高度计（radar altimeter-2，RA-2）、微波辐射计（microwave radiometer，MWR）、被动大气探测迈克尔逊干涉仪（Michelson interferometer for passive atmospheric soundings，MIPAS）、全球臭氧检测装置、大气层制图扫描成像吸收频谱仪、中分辨率成像光谱仪、先进的沿轨扫描辐射计、先进的合成孔径雷达、多普勒卫星测轨和无线电定位组合（Doppler orbitography and radio-positioning integrated by satellite，DORIS）系统、激光后向反射阵列（laser retro reflector array，LRA）系统。

ENVISAT 卫星的主要目标是提高欧洲从空中对地球观测的遥感能力，逐步提高欧洲空间局成员国研究和监测地球及其环境的能力，并作为 ERS 系列卫星的后续卫星，继续提供连续观测，包括基于雷达的观测；进一步加强 ERS-1 的观测任务，特别是加强对海洋和冰的观测，并应用于环境监视，加强对地球表面和大气层的连续观测，提供制图、资源勘查、气象及灾害监测等应用。

3）HY-2

HY-2 卫星是中国第一颗海洋动力环境系列卫星，主要任务是监测和调查海洋环境，提供海洋防灾减灾的监测数据。2011 年 8 月 16 日，载有 HY-2A 卫星的"长征四号乙"运载火箭从太原卫星发射中心点火升空，成功将 HY-2A 卫星送入太空。2018 年 10 月 25 日，HY-2B 卫星在太原成功发射。HY-2B 卫星是海洋动力环境探测卫星，将与后续的 HY-2C 和 HY-2D 卫星组网形成全天候、全天时、高频次全球大中尺度海洋动力环境卫星监测体系。

HY-2 卫星具有高精度测轨定轨能力与全天候、全天时、全球探测能力，其主要使命是监测和调查海洋环境，获得包括海面风场、浪高、海流、海面温度等多种海洋动力环境参数，直接为灾害性海况预警预报提供实测数据，为海洋防灾减灾、海洋权益维护、海洋资源开发、海洋环境保护、海洋科学研究、国防建设等提供支撑服务。搭载的主要仪器有一个双频（Ku 和 C 波段）雷达高度计、一个散射仪、一个微波辐射计，DORIS系统和 LRA 系统用于精密定轨。卫星轨道为太阳同步轨道，轨道高度为 973km，重复周期为 104.46min，轨道倾角为 99.34°。

4. 海洋地形探测卫星

1）TOPEX/Poseidon

TOPEX/Poseidon（T/P）卫星于 1992 年 8 月 10 日发射成功，轨道高度为 1336km，轨道倾角为 66°，重复周期为 10 天，运行周期为 112min，卫星质量为 2400kg，T/P 卫星由美国国家航空航天局和法国空间研究中心联合研制，其主要任务是为观测和认识海洋环流、热带海洋及全球大气计划提供数据。T/P 卫星携带了两个雷达高度计：一个是TOPEX，即美国国家航空航天局建造的指向雷达高度计，用于测量海面以上的高度；另一个是 Poseidon，即法国空间研究中心建造的固态指向雷达高度计。除高度计之外，T/P 卫星还搭载了新的精密轨道确定系统（GPS、DORIS），TOPEX 微波辐射计（TOPEX microwave radiometer，TMR）用于校正大气湿路径延迟。相比早期的测高系统而言，T/P卫星已经进行了许多改进，包括特别设计的卫星、一整套传感器、卫星跟踪系统、轨道配置，以及精密轨道确定使用的优化重力场模型（轨道径向精度可达 3～4cm）和专门的任务运转地面系统。因此，T/P 卫星对于海洋环流特别是涡流的研究特别有用，奠定了从空中对海洋进行长期监测的基础，并以前所未有的精度（每 10 天一个重复周期）提供全球动力海洋地形或者海面高度。2002 年 9 月 15 日，T/P 卫星调整到新的轨道高度，新轨道调整到原轨道与原地面轨迹之间的中间位置上，而 T/P 卫星的初期轨道由 Jason-1 取代。T/P 卫星任务最后结束于 2006 年 1 月 18 日。

2）Jason-1

Jason-1 卫星是由美国国家航空航天局和法国空间研究中心联合研制的 T/P 后续卫星，于 2001 年 12 月发射成功，其主要特征（轨道、仪器、观测精度等）与 T/P 卫星基本一致，轨道为圆形轨道，轨道高度为 1336km，轨道倾角为 66°，运行周期为 112min，卫星质量为 500kg。Jason-1 卫星采用了新的地面控制系统，控制系统由三部分组成，一是普罗特斯地面部分（Proteus generic ground segment，PGGS），位于法国图卢兹；二是方案操作控制中心，位于美国加利福尼亚州帕萨迪纳；三是多任务地面部分，位于法国图卢兹，三部分分别完成各自的任务和工作。

Jason-1 卫星由多任务卫星平台和一个 Jason-1 卫星特殊有效载荷舱组成。卫星平台负责卫星的日常事务管理，包括推进器、电功率、指令及数据处理、无线电通信和姿态控制，载荷舱为 Jason-1 卫星仪器提供机械、电力、热及动力支持。Jason-1 卫星搭载了 5 个仪器设备，包括 Poseidon-2 高度计、先进微波辐射计（advanced microwave radiometer，AMR）、DORIS 系统、涡旋流离空间接收机（turbo rogue space receiver，TRSR）定位系统、LRA 跟踪系统。其中，Poseidon-2 高度计为主要仪器，用来观测海面高度；先进微波辐射计用来测量大气中水汽的扰动；另外三个为定位系统。Jason-1 卫星旨在通过每年非常精确的毫米级全球海平面变化测量来监测气候变化。和 T/P 卫星一样，Jason-1 卫星使用高度计来测量海洋表面下的丘陵和山谷。这些海面地形测量结果为科学家提供了计算海流速度和方向的数据，并监测全球海洋环流。全球海洋是地球太阳能的主要仓库，Jason-1 卫星对海面高度的测量揭示了这些能量存储的位置，以及这些能量如何通过洋流在地球周围移动，从而影响天气和气候的过程。

3）Jason-2

Jason-2 卫星是海表地形任务（ocean surface topography mission，OSTM）及 T/P 卫星和 Jason-1 卫星的后续卫星，主要用于海洋表面观测。该卫星由法国空间研究中心、美国国家航空航天局、欧洲气象卫星探测组织（European Organisation for the Exploitation of Meteorological Satellites，EUMESAT）、美国国家海洋和大气管理局联合研制，于 2008 年 6 月 20 日在美国加利福尼亚州发射成功，主要目的是用来接替 T/P 卫星和 Jason-1 卫星任务，继续进行全球海洋观测。Jason-2 卫星质量为 500kg，圆形轨道，轨道高度为 1336km，轨道倾角为 66°，运行周期为 112min。Jason-2 卫星上搭载 5 个主要仪器设备和 3 个辅助仪器。5 个主要仪器设备分别是 Poseidon-3 高度计、先进微波辐射计、DORIS 系统、全球定位系统载荷（global positioning system payload，GPSP）和 LRA 系统。其中，Poseidon-3 高度计由法国空间研究中心提供，是实施海表地形任务的主要仪器，用来精确观测卫星到海面的距离，与 Poseidon-2 高度计基本特征一致，但是仪器的噪声功率更低。为了更好地测量陆地表面和冰面，Poseidon-3 高度计采用了新的跟踪算法。

先进微波辐射计由美国国家航空航天局提供，这是一个比 Jason-1 卫星上搭载的先进微波辐射计还要高级的微波辐射计。高度计信号从卫星到海面的往返过程中，需要穿过大气层，信号会受到水汽影响而产生延迟，所以先进微波辐射计以 3 个频率（18GHz、21GHz 和 37GHz）观测地球表面辐射来确定大气中的水汽含量，进而对高度计观测进行延迟改正。

4）Jason-3

Jason-3 卫星是由欧洲气象卫星探测组织和美国国家航空航天局合作研究的卫星，是美国国家海洋和大气管理局与法国空间研究中心合作的国际合作任务。作为 T/P 卫星、Jason-1 卫星、Jason-2 卫星任务的接替，Jason-3 卫星轨道参数与它们基本一致，飞行在相同的 9.9 天重复轨道上，这意味着卫星将每 9.9 天对同一个海洋点进行观测。Jason-s 卫星轨道倾角为 66.05°，远地点为 1380km，近地点为 1328km。观测时间比 Jason-2 卫星落后 1min。Jason-3 卫星任务的目标是继续提供高精度海洋地形数据，在数据精度上超过 T/P 卫星、Jason-1 卫星和 Jason-2 卫星，为海洋地形学已经持续了数十年的研究测量提供继任者，每 10 天对全球海平面实现精度优于 4cm 的测量，以便对海洋循环、气候变迁和海平面上升实施监测。

5. 极地观测卫星

1）ICESat-1

ICESat-1 卫星是美国国家航空航天局对地观测系统的重要组成部分，于 2003 年 1 月 13 日发射，为一颗近极轨观测卫星，卫星轨道高度约 600km，轨道倾角为 94°，轨道偏心率为 0.001，运行周期为 101min，卫星质量为 970kg，计划寿命 3～5 年。卫星观测数据可覆盖地球表面包括南极大陆的大部分地区。ICESat-1 卫星搭载的主要仪器为地学激光测高系统（geoscience laser altimeter system，GLAS）、恒星跟踪器姿态确定系统、GPS 接收计和 SLR 后向反射阵列系统。

地学激光测高系统由美国国家航空航天局的戈达德太空飞行中心（Goddard Space Flight Center，GSFC）研制，主要用来测量冰盖高程、冰盖质量平衡、云和浮尘高度、地貌及植被特征等。ICESat-1 卫星的任务是提供确定冰盖质量平衡所需的高程数据和云属性信息，尤其是极地地区常见的平流层云。ICESat-1 卫星提供了全球地形和植被数据，以及格陵兰岛和南极冰盖上的极地特定覆盖范围数据，可用于评估重要的森林特征，包括树木密度等。

ICESat-1 卫星在轨工作 7 年后，于 2010 年由于主要载荷失效最终导致任务终结。卫星任务圆满完成，实现了对地球表面绝大部分地区的激光测绘工作。

2）ICESAT-2

ICESat-2 卫星是 ICESat-1 卫星的后续卫星，于 2018 年 9 月 15 日在加利福尼亚州的范登堡空军基地发射成功，进入近圆形近极轨道高度约 496km，轨道倾角为 92°，轨道偏心率为 0.0003，运行周期为 94.22min，卫星质量为 1514kg，计划寿命 3～5 年。

ICESat-2 卫星的任务是提供确定冰盖质量平衡和植被冠层信息所需的高程数据。除极地特定覆盖范围外，ICESat-2 卫星还将提供全球城市、湖泊、水库、海洋和陆地表面地形的测量数据。

ICESat-2 卫星上搭载的主要仪器为高级地形激光高度计系统（advanced topographic laser altimeter system，ATLAS），由戈达德太空飞行中心设计和建造，ATLAS 通过测量从卫星到地球表面背景的激光光子的传播时间来测量高度，从而获得精度极高的测量数据。空气中的微粒或云可能会使地面数据出现偏差，因此计算机程序将创建"光子云"

图，显示仪器返回的数千个数据点。通过额外的计算机程序，寻找背景云中更强的信号，从而确定地球表面冰、陆地、水和植被的高度。

ICESat-2 卫星主要有四个科学目标：①定量分析极地冰盖对当前和近期海平面变化的贡献以及与气候条件的联系；②定量分析冰盖变化的区域特征，以评估导致这些变化的机制并改进冰盖预测模型，包括定量分析冰盖变化的区域演变；③估算海冰厚度，以探测能量、冰、海洋、大气质量和水分的交换；④测量植被冠层高度作为估算大规模生物量和生物量变化的基础。此外，ICESat-2 卫星还可测量云层和气溶胶、海洋高度、内陆水体（如水库和湖泊）、城市地震或山体滑坡等事件后的地面变化。

3）Cryosat-1/2

Cryosat 卫星是由欧洲空间局研制的测高卫星，专门用于极地观测，其上搭载了先进的雷达测高计。Cryosat-1 卫星于 2005 年 10 月 8 日发射，但因为发射次序异常造成发射失败。Cryosat-2 卫星于 2010 年 4 月 8 日发射成功，轨道高度为 720km，轨道倾角为 92°，卫星质量为 711kg。Cryosat-2 卫星主要用于地球上大陆性冰盖的厚度及海冰覆盖观测，同时用于研究全球变暖引起的北极冰层变薄，并对北极冰层变化进行预测。

Cryosat-2 卫星搭载的主要仪器为合成孔径干涉雷达高度计（synthetic aperture interferometric radar altimeter，SIRAL），不仅可进一步提高测高精度，还可满足冰盖高程和海冰覆盖的观测要求。同时，Cryosat-2 卫星还搭载了 3 个恒星跟踪器用于基线的定位和定姿。此外，还搭载了 DORIS 接收机和一个用于 Cryosat-2 卫星位置精确跟踪的 SLR 后向反射器。其中，SIRAL 是一个 Ku 波段的仪器，工作频率为 13.575GHz，以三种模式运行：一是低分辨率、指向星下点的高度计模式，该模式主要测量卫星到地球表面的距离；二是 SAR 模式，该模式发射时间间隔仅为 50ms 的短脉冲，然后利用返回回波之间的相关关系获取高度信息；三是 SARIn 模式，该模式由两个天线同时接收雷达回波，并利用观测到的雷达回波的路程之差，得到天线之间的基线与回波方向之间的角度，从而获得高度信息。

6. 其他测高卫星任务

1）SARAL

SARAL 卫星（Satellite with ARGOS and AltiKa）是由法国空间研究中心和印度空间研究组织（Indian Space Research Organisation，ISRO）联合研制的测高卫星，于 2013 年 2 月 25 日成功发射升空。SARAL 卫星的主要目的是通过执行精密重复的全球海面高程、有效波高和风速等的观测，进一步加强海洋学的研究，增强人类对海洋气候的认识，并提高预报能力，同时促进气象学的研究；最终目的是研究中尺度海洋变化，观测近海海城、内陆水城及大陆冰盖表面。

SARAL 卫星轨道高度为 814km，轨道倾角为 98.55°，轨道偏心率为 0.001165，卫星质量为 350～400kg。SARAL 卫星搭载的仪器为高分辨率且具有双频功能的 AltiKa 测高计、采集星载数据和定位的 ARGOS-3 仪器、精密定轨的 DORIS 系统和激光反射器。由于该卫星的高度计 AltiKa 使用 Ka 波段，可以更好地观测冰、雨、海岸带、大面积地物（如森林）和浪高。SARAL 卫星可与 ENVISAT 卫星、Jason-1/2 卫星一起联合使用，对沿海区域、内陆水城和陆地冰盖表面进行观测，研究中尺度海洋变化。SARAL 卫星任务的主要目标如下：对海面高、波浪高和风速进行高精度、重复的全球观测；继续执行ENVISAT卫星、Jason-1卫星和Jason-2卫星的后续任务；进行全球海洋和气候研究，建立全球海洋观测系统；为海洋、地球系统监测和气候研究提供数据支撑。

2）Sentinel-3

2016年2月16日，欧洲空间局发射了第三颗环境监测卫星Sentinel-3A，其轨道为太阳同步轨道，轨道高度为814km，轨道倾角为98.6°，轨道周期约100min，卫星质量为1150kg。Sentinel-3B卫星作为Sentinal-3A卫星的姊妹星，于2018年4月25日发射成功。Sentinel-3B卫星携带了先进的传感器，主要为光学仪器和地形学仪器。光学仪器包括海洋和陆地彩色成像光谱仪（ocean and land colour instrument，OLCI）、海洋和陆地表面温度辐射计（sea and land surface temperature radiometer，SLSTR）；地形学仪器包括合成孔径雷达高度计（SRAL）、微波辐射计（MWR）和精确定轨的多普勒卫星测轨和无线电定位组合（DORIS）系统。Sentinel-3卫星可作为ERS卫星和ENVISAT卫星的后续卫星，继续进行海洋、陆地、冰雪、大气监测，并为大尺度全球海洋动力学研究提供关键信息。Sentinel-3卫星在海洋上可进行海水纬度、海面高度和海冰厚度等信息测量，还可进行气候变化、海洋污染、海洋生物监测等应用；在陆地上可进行火灾监测和土地利用变化监测、植被健康检测，以及河流和湖泊的高程测量等应用。

3）InIRA

InIRA是基于干涉测量技术获得三维海面形态、测量海面高度的仪器，是世界第一次实现宽刈幅海面高度测量并能进行三维成像的微波高度计，于2016年9月随天宫二号空间实验室发射升空。InIRA通过一发双收的双天线和双通道接收机获取高相干回波信号，并利用其高精度干涉相位测量能力和波形跟踪能力，通过干涉相位的处理，确定表面的平均高度（张云华等，1999，2004；阎敬业，2005）。InIRA可实现宽刈幅、高精度海洋和陆地的干涉测量，获得海洋干涉相位图，并由此得到三维海洋形态观测结果，为海面高度测量、海浪等海洋环境探测提供更有效的手段，从而开展海洋动力环境参数监测、海洋预报等海洋领域应用研究；在陆地应用亦能获得三维地形信息，由此开展陆地地形测量、陆地冰川监测、内陆水体监测等应用研究。

1.2 卫星雷达测高技术的应用

卫星雷达测高作为一项重大的空间计划，其最初目的较为单一，即试图从空中采用遥测的方法确定海面形状，研究大洋环流和其他海洋学参数。之后，由于测高数据精度的大幅提高，卫星雷达测高在海洋、陆地水体、冰盖/冰川、测绘领域得到了空前规模的应用。

1.2.1 海洋应用

卫星雷达测高的海洋应用研究均基于3个基本观测量（蔡玉林等，2006）：海面高度、有效波高、海面风速，它们可为海洋水体运动研究提供基础的数据支持，有助于预报海洋天气和海面状态。雷达高度计通过卫星星下点向海面发射有限脉冲信号，记录携带丰富海面特征信息的回波波形，可在全球范围内全天候、多次重复地测量瞬时海面高度,还可同时测量海面有效波高和风速。雷达高度计对海面高度的测量精度可达 3～4cm,有效波高为 0.4m,风速为 1.5m/s(Picot et al.,2003)。

雷达测高最初和最广泛的应用是全球海平面变化(董晓军和黄珹,2000;于宜法,2004)。海平面变化是气候变化的重要特征,近年来有学者利用测高数据分析了海平面变化与一些全球性气候现象的关系,探讨厄尔尼诺和拉尼娜等极端气候现象对海平面的影响(Chen,2001),从而加强人们对短期天气预报及对极端天气出现的了解。

海面由于存在波浪而起伏不平,高度计发出的脉冲回波信号强弱不同且有一定的时域展宽,波高越大,回波信号的展宽越大,因此可通过建立海面和回波信号之间的关系,识别海洋表面特征(Tejera et al.,2002)。

海面在海风的作用下能产生厘米尺度的波浪,从而引起海面粗糙度的变化。高度计的后向散射截面与海面风速存在反比关系,从而可测出海面风速,其结果可用于海洋工程(如海岸码头)的建造或者大、中尺度的气候变化研究(Chen et al.,2004)。结合地球自转模型,海面风速还可用于海洋洋流的研究。在海洋环境中,洋流作为其重要组成部分,既有全球性变化,也有局部性变化,还有瞬时变化,各种尺度变化常常交织在一起。利用卫星高度计测量出海面风场,由此可以研究海面的作用力,从而研究洋流及其变化。

1.2.2 陆地水体应用

20 世纪 80 年代末,雷达高度计开始应用于内陆湖泊、河流的水位变化监测(Ponchaut and Cazenave,1998),后来又扩展到湿地监测(Sarch and Birkett,2000),现已发展到业务化阶段。卫星测高已在内陆水域水位变化监测上表现出良好的应用前景,尤其是那些大型的内陆湖泊水域。

湖泊作为地表水的重要载体,对水资源短缺、水环境恶化、水灾害频发等反应敏感,而区域性的湖泊水位同步变化可过滤掉局部地域的影响因素,提供大量的气候、降水和湿度变化等信息,反映出较大范围的气候变化。

大型湖泊、河流的水位通常由地面水文站的定点、连续观测提供,然而这种观测方式往往需要一定的人力、物力和财力资源保障。对于地处偏远、经济条件相对落后、自然环境恶劣地区的湖泊、河流,要在其周边布置地面观测站点往往非常困难。近年来,随着新一代测高卫星任务的不断开展,测高技术为这些地区的陆地水域水位变化监测提供了可能。

当湖泊、河流、湿地等陆地水域面积足够大,且有测高卫星的地面轨迹通过时,即可利用卫星测高技术监测其水位变化,并对其水位变化实施动态监控。一方面,国内外已经有了成功的研究;另一方面,利用卫星高度计水位观测序列数据,结合区域气象数据,还可对湖区水域在气候变化条件下的演变趋势进行研究(Zhang et al.,2011)。

1.2.3 冰盖/冰川应用

在冰川方面,雷达测高主要用于海冰、陆地冰的测绘和监测,以研究冰川融化与全球变暖、全球物候因子(如温度、降水量)的定量关系。

自 1978 年,雷达高度计开始对南北极冰盖进行观测,至今已获取了极地冰盖超过30 年的时间序列数据,科学家由此研究了全球变暖、降雪和冰川融化引起的冰盖高程年季变化，估算了冰盖的质量平衡，并准确测量了海洋冰面高度和冰的体积以及海上冰盖的消长，监测了海冰的分布和运动（杨元德等，2010）。

1.2.4 测绘应用

全球及区域重力场模型（杨元德，2010）是现代大地测量和相关地球物理科学发展的重要基础，测量高精度的地球重力场是地球科学的重要目标之一，对军事发展也有着重要影响。卫星测高资料极大地满足了重力场测量的需求，如果将卫星测高获取的观测量作为边界条件建立海洋动力模型，即可计算出海洋的深度，从而绘制海底地形、地貌图，而海底地形、地貌图是现代潜艇和各种水面舰艇顺利执行各项军事任务不可或缺的测绘保障（刘付前等，2009）。

1.3 卫星雷达测高技术的发展趋势

1.3.1 从海洋扩展到内陆水域

近年来，卫星雷达测高技术逐渐从最初的海平面变化监测扩展到湖泊等内陆水域的水位变化监测。

Brooks（1982）将 Seasat 卫星观测的湖面高程数据用于制图。Birkett（1994）使用 Geosat 卫星数据监测了几个湖泊的水位变化。Ponchaut 和 Cazenave（1998）使用 1993～1996 年的 T/P 卫星数据研究了非洲坦噶尼喀湖、马拉维湖、图尔卡纳湖和北美洲苏必利尔湖、密歇根湖、休伦湖共 6 个湖泊的水位变化及其与降水量的关系。Birkett（2000）研究了印度洋气候变化与东非湖泊影响的关系。Mercier 等（2002）使用 1993～1999 年的 T/P 卫星数据研究了受印度洋气候影响的非洲 12 个湖泊的水位变化。Camilo 等（2008）利用 2004～2006 年的 ENVISAT 测高数据并结合地面观测，对伊萨瓦尔湖的水位变化进行了动态监测，并深入分析了其与当地天气状况、区域气候变化的关系。Lee 等（2011）利用 ENVISAT 测高数据分析了 2002～2009 年青藏高原东北部地区的湖面高程变化。Jarihani 等（2013）利用多种测高数据反演艾尔登湖和阿盖尔湖的水位，精度分别为 28cm（Jason-2 卫星）和 42cm（ENVISAT）。Yi 等（2013）获取的贝加尔湖水位的精度分别为 9.5cm（ENVISAT）和 9.7cm（Jason-1 卫星）。Nielsen 等（2015）利用 Cryosat-2 SAR 数据反演了维纳恩湖和奥基乔比湖的水位，精度分别为 5cm 和 8cm，而 Villadsen 等（2016）更是将这两个湖泊的反演水位精度分别提高至 3.5cm 和 2.1cm。Song 等（2015）获取的青藏高原纳木错湖的 Cryosat-2 SARIn 水位与实测水位之间的均方根误差（root mean square error，RMSE）仅为 0.18m。赵云（2017）验证了多个湖泊的 Cryosat-2 数据反演水位的精度，包括青海湖、巢湖、太湖、高邮湖、洞庭湖和鄱阳湖。此外，很多学者还利用测高数据监测了更多湖泊的水位变化，分析了其与气候变化之间的关系（Hwang et al.，2016；Jiang et al.，2017；Phan et al.，2012；Song et al.，2014）。

1.3.2 多任务海量数据的处理

近 40 年来，多种海洋、极地卫星测高计划任务不断实施，卫星测高数据以海量形式不断增加。多种测高卫星任务为地学、大地测量学和海洋学的研究提供了更加丰富的数据源。对这些测高系统获取的数据进行综合和交叉运用，可以充分发挥各系统的优势（李建成等，2000，2001），因此开展多任务海量数据联合应用及处理技术研究成为一个十分迫切的任务。

1.3.3 从科研到应用

当前卫星测高观测平台不断丰富，数据精度不断提高，因此在对卫星测高技术继续进行深入研究的同时，卫星测高技术也逐渐进入了业务化生产实施阶段。例如，大的水库或者湖泊都位于全球面积较大的农业区内，其水位变化研究可作为作物估产的基础。美国农业部、美国国家航空航天局、马里兰大学合作跟踪监测了全球多个湖泊和水库的水位变化，以便迅速确定区域性干旱[源自国外农业服务（Foreign Agricultural Service，FAS）]。欧洲也有类似的项目计划，英国德蒙特福德大学和欧洲空间局合作开发了一个系统，利用 ERS 和 ENVISAT 获得湖泊与河流的水位。

1.4 卫星雷达测高技术存在的难点

与各种卫星成像装置不同，一般星载雷达高度计只能提供其轨道飞行方向星下点足迹某一范围内的高程观测信息平均值，而且卫星测高数据精度还受卫星轨道、测高范围、观测误差修正，以及目标大小、类型等多种因素的控制和影响，因此目前卫星雷达测高技术在实际应用中，还存在如下技术难点。

（1）测高数据不能完全覆盖全球，不能同时达到较高的时间和空间分辨率。

卫星测高任务通常采用一颗在轨卫星星下点观测的工作模式，即有限脉冲模式。由于只能进行沿轨观测，轨道之间的间隔区域没有观测数据，数据不能完全覆盖全球。

对于一颗卫星而言，其重复周期和相邻轨道间隔是一对矛盾。轨道的重复周期越短，相邻轨道之间的间隔越大。反之，若相邻轨道之间的间隔较小，轨道的重复周期较长。这就造成卫星观测数据的时间采样和空间采样不能同时获得较高的分辨率。

为了有效提高测高数据的空间覆盖或时间分辨率，可尝试组建相同配置的测高卫星星座（汪海洪等，2009）。利用星座技术，根据不同需求调整卫星之间的距离，得到高空间覆盖、高时间分辨率或均匀空间覆盖的观测数据，以及任意覆盖某一特定区域的观测数据。

要大幅增加卫星数据覆盖范围，还可发展宽幅卫星高度计（汪海洪等，2009；Cotton and Menard，2006），即将有限脉冲雷达高度计与干涉高度计联合使用，干涉高度计可获得更高的测高精度。在卫星上除安装一个传统高度计外，还可在一个较长的基线两端分别安装干涉天线。利用干涉测量技术，每个天线均可发射微波，并同时接收来自另一干涉计的回波信号。虽然有限脉冲雷达高度计星下点的条带（nadir swath）测量宽度只有几千米，但星下点两侧的条带（Swath-1，2）由基线两端的雷达天线干涉测量得到，测量宽度可达上百千米，这种基于雷达干涉技术的高度计被称为宽幅海洋高度计（wide swath ocean altimeter，WSOA）。有限脉冲高度计系统可提供精确的星下点观测值以及电离层延迟、对流层延迟和海况偏差等环境效应改正参数，为干涉高度计的距离观测提供支撑。

（2）卫星对复杂地形区域的探测能力较差、测量精度较低。

有限脉冲卫星高度计的设计主要针对较为均一且相对平滑的地表类型，如海洋、大型冰盖等，而对那些地表类型复杂或高低起伏较大的地形，往往会带来数据的丢失或信息失真。例如，在近岸几十千米的浅海区域以及内陆冰川、湖泊水域等地区，由于环境相对复杂以及雷达回波受到陆地反射信号干扰，测高数据精度相对较低，对河流等窄水体以及山区冰川高程观测的难度更大。测高精度的提高主要依靠高度计传感器的改进，以及现有卫星测高任务的持续开展和未来测高任务的实施。在高度计本身精度难以很快得到大幅提高的情况下，卫星测高精度的提高还将依赖于波形重跟踪等数据处理算法的开发与改进。因此，可针对近岸和湖泊波形特征提出相应的新的波形重跟踪算法（杨乐等，2010），以最大限度地消除波形噪声对数据精度的影响。

干涉高度计受复杂地形的影响较小，能获得较高的测量精度。近年来，科学家提出了分布式卫星 InSAR 系统（王彤等，2004）。该系统是由若干颗小卫星按照特定的轨道构型编队运行，各小卫星之间通过协同工作来完成某种任务的一种新体制雷达系统。由于分布式卫星 InSAR 系统具有多功能、多工作模式、重访率高、生存和抗干扰能力强等优点，成为近年来的一个研究热点。传统卫星受平台限制，难以形成足够长的空间基线，只能以重复航迹的方式获得干涉复图像，图像的相关性随时间的推移大大降低。而在分布式星载 InSAR 系统中，多颗小卫星的图像可以进行多基线干涉，进而提高测高精度。

1.5 本 章 小 结

本章简要回顾了星载雷达高度计的发展概况，介绍了已有星载雷达高度计系统及其在海洋、陆地水体、冰盖/冰川和测绘领域的应用，并对目前测高技术存在的问题进行了分析。

参 考 文 献

蔡玉林, 程晓, 孙国清. 2006. 星载雷达高度计的发展及应用现状. 遥感信息, (4): 74-78.

董晓军, 黄珹. 1997. 海洋卫星测高技术的新进展. 天文学进展, 15(3): 179-186.

董晓军, 黄珹. 2000. 利用 TOPEX/Poseidon 卫星测高资料监测全球海平面变化. 测绘学报, 29(3): 266-272.

郭金运, 常晓涛, 孙佳龙, 等. 2013. 卫星雷达测高波形重定及应用. 北京: 测绘出版社.

何宜军, 陈戈, 郭佩芳, 等. 2002. 高度计海洋遥感研究与应用. 北京: 科学出版社.

蒋兴伟, 林明森, 宋清涛. 2013. 海洋二号卫星主被动微波遥感探测技术研究. 中国工程科学, 15(7): 4-11.

李建成, 宁津生, 陈俊勇, 等. 2001. 联合 TOPEX/Poseidon, ERS-2 和 Geosat 卫星测高资料确定中国近海重力异常. 测绘学报, 30(3): 197-202.

李建成, 王正涛, 胡建国. 2000. 联合多种卫星测高数据分析全球和中国海海平面变化. 武汉测绘科技大学学报, 25(4): 343-347.

刘付前, 骆永军, 王超. 2009. 卫星高度计应用研究现状分析. 舰船电子工程, 29(9): 28-31.

汪海洪, 钟波, 王伟, 等. 2009. 卫星测高的局限与新技术发展. 大地测量与地球动力学, 29(1): 91-95.

王广运, 王海瑛, 许国昌. 1995. 卫星测高原理. 北京: 科学出版社.

王彤, 保铮, 廖桂生. 2004. 分布式小卫星干涉高程测量. 系统工程与电子技术, 26(7): 859-862.

阎敬业. 2005. 星载三维成像雷达高度计系统设计与误差分析. 北京: 中国科学院空间科学与应用研究中心博士学位论文.

杨乐, 林明森, 张有广, 等. 2010. 中国近岸海域高度计 JASON-1 测量数据的波形重构算法研究. 海洋学报, 32(6): 91-100.

杨元德. 2010. 应用卫星测高技术确定南极海域重力场研究. 武汉: 武汉大学博士学位论文.

杨元德, 鄂栋臣, 汪海洪, 等. 2010. 利用卫星测高雷达回波波形确定南极海冰密集度. 中国科学(地球科学), 40(12): 1759-1764.

于宜法. 2004. 中国近海海平面变化研究进展. 中国海洋大学学报(自然科学版), 34(5): 713-719.

张云华, 姜景山, 张祥坤, 等. 2004. 三维成像雷达高度计机载原理样机及机载试验. 电子学报, 32(6): 899-902.

张云华, 许可, 李茂堂, 等. 1999. 星载三维成像雷达高度计研究. 遥感技术与应用, 14(1): 11-14.

赵云. 2017. 雷达高度计数据中国主要湖泊水位变化监测方法研究. 北京: 中国科学院大学(中国科学院遥感与数字地球研究所)硕士学位论文.

Bernstein R L, Born G H, Whritner H. 1982. Seasat altimeter determination of ocean current variability. Journal of Geophysical Research, 87: 3261-3268.

Birkett C M. 1994. Radar altimetry: a new concept in monitoring lake level changes. EOS Transaction American Geophysical Union, 75(24): 273-275.

Birkett C M. 2000. Synergistic remote sensing of Lake Chad: variability of basin inundation. Remote Sensing of Environment, 72: 218-236.

Brooks R L. 1982. Lake elevation from satellite radar altimetry from a validation area in Canada. Salisbury, MD: Report, Geoscience Research, Corporation.

Camilo E M, Jesus G E, Jose J, et al. 2008. Water level fluctuations derived from ENVISAT Radar Altimeter(RA-2)and in-situ measurements in a subtropical waterbody: Lake Izabal(Guatemala). Remote Sensing of Environment, 112: 3604-3617.

Chen G, Bi S W, Ezraty R. 2004. Global structure of extreme wind and wave climate derived from TOPEX altimeter data and in model simulations. International Journal of Remote Sensing, 25(5): 1005-1018.

Chen G. 2001. Application of altimeter observation to EI Nino prediction. International Journal of Remote Sensing, 22(13): 2621-2626.

Cotton P D, Menard Y. 2006. Future requirements for satellite altimetry: recommendations from the Gamble Project for future missions and research programmes. Venice: Proceedings of the Symposium on 15 Years of Progress in Radar Altimetry.

Douglas B C, Cheney R E. 1990. Geosat: beginning a new era in satellite oceanography. Journal of Geophysical Research, 95: 2833-2836.

Hwang C, Cheng Y, Han J, et al. 2016. Multi-decadal monitoring of lake level changes in the Qinghai-Tibet Plateau by the TOPEXPoseidon-Family Altimeters: climate implication. Remote Sensing, 8: 446.

Jarihani A A, Callow J N, Johansen K, et al. 2013. Evaluation of multiple satellite altimetry data for studying inland water bodies and river floods. Journal of Hydrology, 505: 78-90.

Jiang L, Schneider R, Andersen O B, et al. 2017. CryoSat-2 altimetry applications over rivers and lakes. Water, 9: 211.

Lame D B, Born G H. 1982. Seasat measurement system evaluation: achievements and limitation. Journal of Geophysical Research, 87: 3175-3178.

Lee H, Shum C K, Tseng K H, et al. 2011. Present-Day lake level variation from Envisat altimetry over the

Northeastern Qinghai-Tibetan Plateau: links with precipitation and temperature. Terrestrial, Atmospheric and Oceanic Sciences, 22(2): 169-175.

Mcgoogan J T, Miller L S, Brown G S, et al. 1974. The S-193 radar altimeter experiment. Proceedings of the IEEE-PIEEE, 62: 793-803.

Mercier F, Cazenave A, Maheu C. 2002. Interannual lake level fluctuations(1993-1999)in Africa from Topex/Poseidon: connections with ocean-atmosphere interactions over the Indian Ocean. Global and Planetary Change, 32: 141-163.

Nielsen K, Stenseng L, Andersen O B, et al. 2015. Validation of CryoSat-2 SAR mode based lake levels. Remote Sensing of Environment, 171: 162-170.

Phan V H, Lindenbergh R, Menenti M. 2012. ICESat derived elevation changes of Tibetan lakes between 2003 and 2009. International Journal of Applied Earth Observation and Geoinformation, 17: 12-22.

Picot N, Case K, Desai S, et al. 2003. AVISO and PODAAC user handbook, IGDR and GDR Jason Products. JPL D-21352(PODAAC), Toulouse: CNES and CLS.

Ponchaut, F, Cazenave A. 1998. Continental lake level variations from TOPEX/POSEIDON(1993-1996). Earth and Planetary Sciences, 326: 13-20.

Sarch M T, Birkett G M. 2000. Fishing and farming at Lake Chad: responses to lake level fluctuations. Geographical Journal, 166(2): 156-172.

Song C, Huang B, Ke L, et al. 2014. Seasonal and abrupt changes in the water level of closed lakes on the Tibetan Plateau and implications for climate impacts. Journal of Hydrology, 514: 131-144.

Song C, Ye Q, Cheng X. 2015. Shifts in water-level variation of Namco in the central Tibetan Plateau from ICESat and CryoSat-2 altimetry and station observations. Science China, 60: 1287-1297.

Stanley H R. 1979. The Geos-3 project. Journal of Geophysical Research, 84: 3779-3783.

Tejera A, Garce-Weil L, Heywood K J, et al. 2002. Observations of oceanic mesoscale features and variability in the Canary Islands area from ERS-1 altimeter data satellite infrared imagery and hydrographic measurements. International Journal of Remote Sensing, 23(22): 4897-4916.

Vignudelli S, Kostianoy A, Cipollini P, et al. 2011. Coastal Altimetry. Berlin Heidelberg: Springer-Verlag.

Villadsen H, Deng X, Andersen O B, et al. 2016. Improved inland water levels from SAR altimetry using novel empirical and physical retrackers. Journal of Hydrology, 537: 234-247.

Yi Y, Kouraev A V, Shum C K, et al. 2013. The performance of altimeter waveform retrackers at Lake Baikal. Terrestrial Atmospheric and Oceanic Sciences, 24: 513-519.

Zhang G, Xie H, Duan S, et al. 2011. Water level variation of Lake Qinghai from satellite and in situ measurements under climate change. Journal of Applied Remote Sensing, 5(1): 053532.

第 2 章　星载雷达高度计原理

2.1　星载雷达高度计后向散射强度

雷达高度计发射的信号功率与其接收到的后向散射功率之间的关系是卫星测高中非常重要的关系。由于大气的作用和影响，电磁辐射在向海面传播过程中会出现衰减现象。到达海面的信号部分被海水吸收，部分由于海面的粗糙被反射回去。反射回到高度计的信号功率同样由于大气层的作用而发生衰减。因此，雷达测量的回波信号功率取决于海面的反射特征、雷达系统参数、大气层的双程衰减。

为了更好地描述高度计接收的回波信号包含的物理因素，需考虑卫星到海面的距离

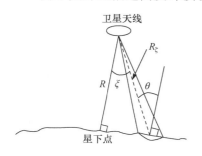

图 2.1　雷达卫星天线指向示意图

R、雷达指向角为 ξ、相应的斜距 R_ξ，如图 2.1 所示。由于地球的椭球形状和局部大地水准面的起伏，海面存在起伏，卫星天线指向角与入射角之间存在差异。天线指向角是天线视轴与卫星质心到海面垂直直线间的夹角，即视轴与卫星质心到星下点直线间的夹角。入射角 θ 是信号传播直线与信号入射点处法线间的夹角。当入射角小于 1° 时，大地水准面的起伏一般不超过 10^{-4}（Brenner et al.，1990）。为了更加具体地描述高度计的后向散射强度，需引入后向散射系数和雷达天线照射面积 A_f。

2.1.1　后向散射系数

雷达系统参数包括发射和接收的电磁波长 λ、发射功率 P_t、发射和接收的天线增益 G_t 和 G_r。而雷达系统一般使用相同的天线发射和接收雷达脉冲，所以天线增益 G_t 和 G_r 相同，两者可以同时表示成 G。在海面上雷达天线足迹内，从微分面元 dA 反射回的后向散射功率 P_r 与波长 λ、发射功率 P_t 和卫星到目标面积的距离 R 有关：

$$dP_r = t_\lambda^2 \frac{G^2 \lambda^2 P_t}{(4\pi)^3 R^4} \sigma \qquad (2.1)$$

式中，σ 为雷达截面面积；t_λ 为大气传递系数（透射比），定义为波长为 λ、卫星高度为 R、指向角为 ξ 时电磁辐射的分数，因此信号两次通过大气传播，其投射比为 t_λ^2。微分面元 dA 的后向散射功率与雷达截面面积 σ 的后向散射功率相同，用式（2.1）描述是等效的。因此，σ 可以看成不同目标面元 dA 的雷达截面因子。

雷达天线接收的总回波功率是雷达天线照射面积 A_f 内不同分布目标（粗糙海面）反射的回波功率，而不仅仅是天线足迹内一个点目标的反射功率。在这种情况下，只有将 dP_r 和 σ 考虑成视场内所有不同目标面元 dA 内的一个平均量才具有意义。天线足迹内海面的散射特性可用单位面积的雷达截面表示：

$$\sigma = \sigma_0 \mathrm{d}A \qquad (2.2)$$

一般而言，σ_0 是无量纲的，表示雷达后向散射系数，在天线足迹内，σ_0 在空间上是变化的。假设天线足迹面积很小，则 R 和 t_λ 可以看成常数。由于天线增益 G 取决于偏角，而在小范围内，取决于方位角。对雷达天线照射面积内每一个微分面元的回波功率进行积分，即对式（2.1）进行积分，可得到总回波功率：

$$P_\mathrm{r} = t_\lambda^2 \frac{\lambda^2 P_\mathrm{t}}{(4\pi)^3 R^4} \oint_{A_\mathrm{f}} G^2 \sigma_0 \mathrm{d}A \qquad (2.3)$$

式中，除 σ_0 外，每一个量要么是雷达系统参数 $(G, \lambda, P_\mathrm{t})$，要么是高度计和目标 (R, t_λ) 间介质的物理参数。如果雷达后向散射系数 σ_0 在天线足迹内是均匀的，或者可以认为在天线足迹内每单位面积上是平均的微分截面，那么 σ_0 可从式（2.3）积分中提取出来，进而可将 σ_0 表示为测量的返回功率 P_r 和雷达系统参数的形式。雷达方程因此可表示为

$$\sigma_0 = \frac{(4\pi)^3 R^4}{t_\lambda^2 G_0^2 \lambda^2 A_\mathrm{eff}} \frac{P_\mathrm{r}}{P_\mathrm{t}} \qquad (2.4)$$

式中，G_0 为视轴天线增益；A_eff 为有效足迹面积。

2.1.2 有限脉冲高度计照射面积

有限脉冲高度计返回信号的有效足迹面积可通过脉冲持续时间（或脉冲宽度）进行控制。假设在平静的海面上，传播脉冲的有效持续时间为 τ（实际上是将持续时间较长的长脉冲通过一种技术压缩成短脉冲，压缩脉冲的持续时间表示为 τ），对应的从脉冲前缘到脉冲后缘的长度为 $c\tau$，其中 c 表示真空中的光速。有限脉冲向外扩张入射到海面如图 2.2 所示，t_0 时刻，脉冲到达海面，此时刻之后，即脉冲前缘到达海面之后，脉冲照射海面变成一个圆形，且随着时间向外扩大，直到 τ 时间以后，脉冲后缘到达海面。之后，照射面积变成一个圆环继续向外扩展，一直到圆环的外沿延伸到雷达波束的边缘，在此期间圆环面积大小保持不变。

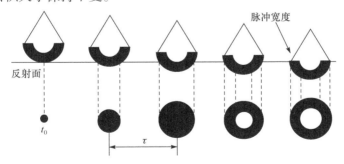

图 2.2 有限脉冲高度计照射面积变化示意图

海面圆形照射面积对高度计接收到的信号有直接影响，因此可根据卫星相对于海面星下点的高度（距离）R、卫星到圆形照射面积外围边界的斜距来确定海面照射面积。设海面有效波高为 H_w，在时间 Δt 时高度计接收信号的双程传播斜距为 $2R + c\Delta t$，Δt 表示高度计接收海面星下点返回的脉冲前缘时的相对测量时间。当 $\Delta t < \tau$ 时，设双程传播时间为 t，则返回高度计接收信号的海面圆形足迹半径为

$$r_{\text{out}}(t, H_{\text{w}}) = (2R_0 \Delta R_{\text{out}} + \Delta R_{\text{out}}^2)^{\frac{1}{2}} \qquad (2.5)$$

高度计天线的波束宽度通常较小，则斜距增量 ΔR_{out} 相对于星下点距离 R_0 很小，因此式（2.5）可近似为

$$r_{\text{out}}(t, H_{\text{w}}) \approx (2R_0 \Delta R_{\text{out}})^{\frac{1}{2}} \qquad (2.6)$$

在考虑地球曲率影响的情况下，双程传播时间偏离星下点角 θ_{out} 小于地球平面近似下的角（Chelton et al.，1998）。地球曲面上的足迹半径 r_{out} 也要比地球平面近似下小，改正之后地球曲面上的足迹半径为

$$r_{\text{out}}(t, H_{\text{w}}) \approx \left(\frac{2R_0 \Delta R_{\text{out}}}{1 + R_0 / R_{\text{e}}} \right)^{\frac{1}{2}} \qquad (2.7)$$

式中，R_{e} 为地球半径，根式中分母表示地球表面曲率的一个改正项。

星下点波谷反射的首次回波到达时间 t_0 与偏离星下点角 θ_{out} 的波峰回波时间 t 之间的时间差可表示为

$$\Delta t = t - t_0 = \frac{2\Delta R_{\text{out}}}{c} \qquad (2.8)$$

综合式(2.4)~式(2.8)，得到雷达回波照射面积为

$$A_{\text{out}}(\Delta t) = \frac{\pi R_0 c \Delta t}{1 + R_0 / R_{\text{e}}} \qquad (2.9)$$

因此，有限脉冲高度计回波照射面是一个圆形区域，圆的面积与 Δt 成正比。单色波海面上的有限脉冲足迹面积随时间的推移线性增加。在时刻 τ 时，作用于高度计接收信号的圆形足迹面积为

$$A_{\text{max}} = \frac{\pi R_0 c \tau}{1 + R_0 / R_{\text{e}}} \qquad (2.10)$$

过了时刻 τ 后，即 $\Delta t > \tau$ 时，由圆环外层边界确定的面积对雷达回波的作用根据式（2.9）仍按线性增加。圆环内侧的面积为

$$A_{\text{in}}(\Delta t) = \frac{\pi R_0 c (\Delta t - \tau)}{1 + R_0 / R_{\text{e}}} \qquad (2.11)$$

在从卫星星下点返回的脉冲后缘被高度计接收之后，圆环内侧的面积也随时间的推移线性增加。总的圆环面积为

$$A_{\text{ann}}(\Delta t) = A_{\text{out}}(\Delta t) - A_{\text{in}}(\Delta t) = \frac{\pi R_0 c \tau}{1 + R_0 / R_{\text{e}}} \qquad (2.12)$$

由式（2.12）可知，当脉冲后缘被高度计接收之后，圆环的内侧及外侧面积均随时间的推移线性增加，但返回脉冲的有限脉冲照射面积保持不变。

2.1.3 星载雷达高度计波形

星载雷达高度计测量的回波功率除依赖于天线增益模式和海面上规一化雷达散射截面之外，还与有限脉冲足迹内的照射面积有关，高度计接收的回波功率与照射面积成正

比。平均回波功率（Brown，1977；Fu and Cazenave，2001）可表示为

$$W(t) = W_{\max} P_{\mathrm{FS}}(t) * q_s(t) * p_\tau(t) \tag{2.13}$$

式中，$P_{\mathrm{FS}}(t) = G(t)U(t - t_{1/2})$ 是地球上平坦海面的雷达脉冲响应；$W_{\max}$ 是照射面积为常数时在 t_1 时刻由自动增益控制（automatic gain control，AGC）输出的平均信号功率；$W(t)$ 是将偏离星下点角 θ 的双程天线增益模表示为双程传播时间 t 的函数；$q_s(t)$ 表示海面散射元概率密度函数；$p_\tau(t)$ 表示雷达脉冲总目标响应。式（2.13）描述了雷达高度计测量的回波功率时间序列，被称为雷达高度计的回波波形。

雷达高度计脉冲响应波形示意图如图 2.3 所示，由于回波功率与照射面积成正比，$t_{1/2}$ 对应回波波形前缘中点，该位置的功率 $W_{1/2}$ 是 $W_{\max}$ 与背景噪声功率 W_{noise} 之差的一半，因此通过识别回波波形前缘的半功率点 $W_{1/2}$，即可确定雷达高度计脉冲双程传播时间。利用该时间，不仅可计算得到卫星到星下点平均海面之间的距离，还可通过雷达高度计半功率点 $W_{1/2}$ 处波形前缘的斜率计算得到海面的有效波高 $H_{1/3}$，进而可反演得到海面风速。另外，通过波形后缘还可计算得到雷达后向散射系数 σ_0。

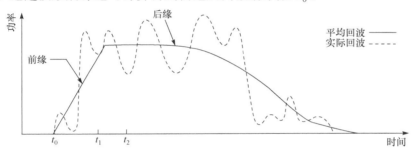

图 2.3　雷达高度计脉冲响应波形示意图（Chelton et al.，2001）

2.2　星载雷达高度计测高原理

星载雷达高度计主要采用有限脉冲、SAR 和 SARIn 等工作方式测高，下面对其基本测高原理分别予以阐述。

2.2.1　有限脉冲雷达高度计测高

有限脉冲雷达高度计即传统雷达高度计，是目前最主要的星载高度计类型，应用时间最久且卫星数量最多，包括著名的 Poseidon 系列高度计等。有限脉冲雷达高度计通过测定发射脉冲信号的时间延迟 T，来计算卫星至地表的距离，$R = cT / 2$，c 为光速，测高波段一般选择 Ku 波段（13.5GHz）或 Ka（35.75GHz）波段，测量原理示意图如图 2.4 所示。时间延迟 T 是实现精确测高的关键，通常通过高度计回波波形的跟踪处理来获取 T 值。

有限脉冲雷达高度计工作时首先通过天线按照一定的脉冲重复频率（pulse repetition frequency，PRF）向地球表面发射线性调制后的压缩脉冲，而后由接收机接收返回的脉冲信号，并通过跟踪窗口记录回波能量，形成回波波形。Brown（1977）、Fu 和 Cazenave（2001）给出的平均回波模型见式（2.13），图 2.5 显示了有限脉冲雷达高度计的脉冲照射面积、回波能量与时间的关系。

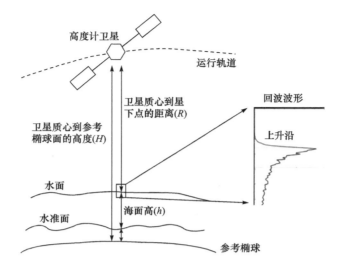

图 2.4　有限脉冲雷达高度计测高原理示意图（Jiang et al.，2017）

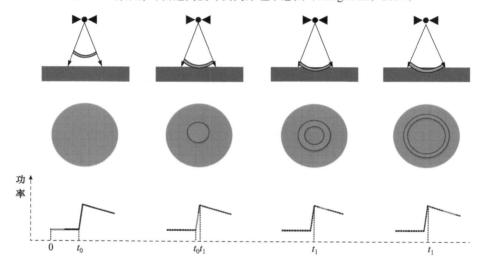

图 2.5　有限脉冲雷达高度计的脉冲照射面积、回波能量
与时间的关系（蒋茂飞，2018）

在时刻 t_1，有限脉冲足迹内的照射面积达到最大，因为回波功率 $W(t)$ 与照射面积成正比，所以回波的前后缘中点出现在 $t_1/2$ 时刻，其功率为 $(W_{max}-W_{noise})/2$，W_{noise} 为热噪声。因此，通过回波前缘的半功率点，可确定脉冲至平均海面的传播时间，然后按式（2.14）计算出海面高 h。

$$h = H - (R + \Delta H_m + \Delta H_i + \Delta H_a + \Delta H_e + \Delta H_t) - N \qquad （2.14）$$

式中，H 是卫星质心到参考椭球面的高度；R 是卫星至星下点的距离；ΔH_m 是卫星质心改正；ΔH_i 是测高仪器误差改正；ΔH_a 是电离层和对流层延迟改正；ΔH_e 是海况偏差改正；ΔH_t 是极潮、固体潮和海潮改正；N 是大地水准面相对于椭球面的起伏。

回波前缘的半功率点对应的是足迹点范围内的平均高度，在实际运行中，当足迹点内区域为非均质表面时，由于回波信号受到陆地地形的干扰，波形前缘中点与默认跟踪点并不一致，从而降低了测高的精度，这就需要通过式（2.15）进行重跟踪处理（郭金运等，2013）。这种情况主要发生在近海和内陆水体观测中。

$$\Delta C_{\text{retrack}} = D_{\text{bins}}(G_r - G_0) = \frac{c}{2} \times \Delta G_a \times (G_r - G_0) \qquad （2.15）$$

式中，D_{bins} 是回波中波门间的距离；G_r 是重跟踪后的波门数；G_0 是预设跟踪门位置；ΔG_a 是波门间的时间间隔。由于受卫星处理能力的限制，星上跟踪精度较低，要获得高精度反演水位，必须进行重跟踪处理（王磊，2015）。

2.2.2　SAR 高度计测高

SAR 高度计即延迟多普勒高度计（delay Doppler altimeter，DDA），由 Raney 于 1998 年率先提出（Raney，1998），是有限脉冲雷达高度计与孔径合成技术相结合的产物，目前的 Cryosat-2/SIRAL 和 Sentinel-3A（B）/SRAL 等均属此类型。图 2.6 是 SAR 高度计与有限脉冲雷达高度计的比较。由于在沿轨方向采用了孔径合成技术，SAR 高度计可通过多普勒锐化处理将天线波束照射区划分成若干个条带，将沿轨分辨率由 2km 提高至 300m，测高精度可达 1cm（Raney，1998）。

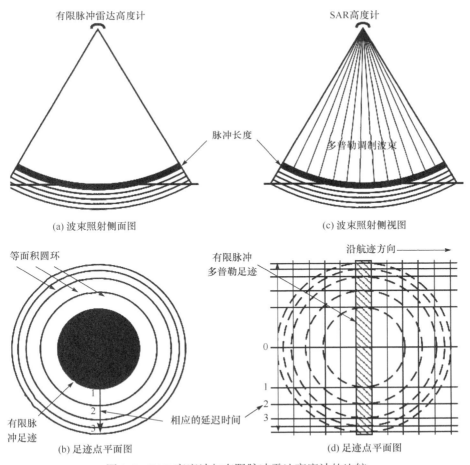

图 2.6　SAR 高度计与有限脉冲雷达高度计的比较

由于引入了合成孔径技术，SAR 高度计的回波模型较有限脉冲雷达高度计更为复杂，模型表达式为积分形式。Raney（1998）给出了 SAR 高度计的系统模式，随后 Wingham 等、雷达高度计模式研究和应用（SAR altimetry mode studies and applications，SAMOSA）项目组、中国科学院国家空间科学中心等都对该模型进行了完善（Wingham et al.，2006；Ray et al.，2015；杨双宝等，2011）。下面是 Sentinel-3A/ SRAL 2 级数据处理文档中给出的单视回波模型：

$$W(\tau, f_a) = W_0 \exp\left[-\frac{(f_a - \mu_a)^2}{2\sigma_a^2}\right] \exp\left[-\frac{(\tau - m\sigma^2)^2}{4\sigma^2} - m\left(\tau - \frac{m\sigma^2}{2}\right)\right]$$

$$\begin{cases} \dfrac{\sqrt{\tau - m\sigma^2}}{\sqrt{2c/h}} K_{1/4}\left[\dfrac{(\tau - m\sigma^2)}{4\sigma^2}\right], & \tau - m\sigma^2 < 0 \\ \dfrac{\pi\sqrt{\tau - m\sigma^2}}{2\sqrt{c/h}}\left\{I_{-1/4}\left[\dfrac{(\tau - m\sigma^2)^2}{4\sigma^2}\right] + I_{1/4}\left[\dfrac{(\tau - m\sigma^2)^2}{4\sigma^2}\right]\right\}, & \tau - m\sigma^2 > 0 \end{cases} \qquad （2.16）$$

式中，τ 是延迟时间；f_a 是多普勒频率；W_0 是回波幅度；μ_a 是信号经过傅里叶变换后沿轨方向的平均值，$\mu_a = \dfrac{2\beta\alpha V_s}{\lambda_0(v + 2\beta\cos 2\xi)}\sin 2\xi$，其中 V_s 为高度计沿轨速度，λ_0 为脉冲信号波长，ξ 为天线指向角；σ_a 是将系统平面脉冲响应与点目标响应沿轨方向进行卷积后的标准差系数，$\sigma_a^2 = \sigma_v^2 + \sigma_b^2$，$\sigma_v$ 是将点目标响应沿轨方向的 $\sin z^2$ 核函数近似为高斯函数的标准差系数，σ_b 是将系统平面脉冲响应沿轨方向的标准差系数，$\sigma_b^2 = \dfrac{2\alpha 2V_s^2}{\lambda_0^2(v + 2\beta\cos 2\xi)}$；$I$ 和 K 分别是第一类和第二类修正的贝塞尔函数；m 是与天线误差指向角有关的参量，$m = \dfrac{c}{h}(v + 2\beta\cos^2 \xi)$；$\sigma$ 是点目标响应与海洋表面概率密度函数卷积的标准差系数，$\sigma^2 = (\alpha_p r_B)^2 + \left(\dfrac{2\sigma_s^2}{c}\right)^2$，其中 α_p=0.366，σ_s 表示海洋表面均方根波高，r_B 为由接收机带宽定义的时间分辨率；α、β 和 v 为三个基本量。

2.2.3 SARIn 高度计测高

SARIn 高度计测高与 SAR 高度计测高的主要区别在于前者在跨轨方向采用了相位干涉处理，而在沿轨方向两者均采用孔径合成技术，已有的 SARIn 高度计包括 Cryosat-2/SIRAL、天宫二号 InIRA 等。SARIn 高度计测高与传统干涉合成孔径雷达（interferometric synthetic aperture radar，InSAR）测量相似，但主要采用跨轨干涉测量（across track interferometric，XTI）方式，工作原理如图 2.7 所示。

图 2.7 中，A_1 和 A_2 分别是两副雷达天线；B 为基线的长度，并且基线与平台运行方向垂直；R_1 和 R_2 分别是两天线对目标点 P 的观测距离；α 是基线 B 的方位角，θ 是天线 A_1 的下视角；H 是天线 A_1 的轨道高度。根据空间几何，P 点高程 h 可表示为

$$h = H - R_1 \cos\theta \qquad （2.17）$$

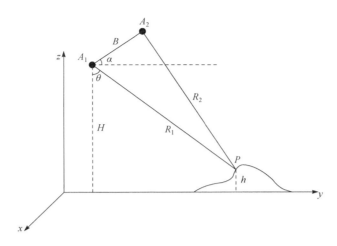

图 2.7　SARIn 高度计干涉测高原理示意图

$$h = \sqrt{(a - R\cos\theta)^2 + (R\sin\theta)^2} - R_T \qquad （2.18）$$

式（2.18）为考虑地球曲率情况下的 h 值。式中，a 为卫星轨道的长半轴，R_T 为地球局部半径，R 为斜距。除 θ 外，其他参数已知或可测量，因此 θ 是获取高程 h 的关键。在 $\triangle A_1 A_2 P$ 内，用 Δr 表示 R_2 与 R_1 之差，根据余弦定理即可计算出 θ：

$$\theta = \arccos\left[\frac{(2R_1 + \Delta r)\Delta r - B^2}{2BR_1}\right] - \alpha \qquad （2.19）$$

由式（2.19）可知，Δr 的精度决定着 P 点的测高精度。由式（2.19）和式（2.17）可得到式（2.20），可见要获取高精度 h，必须获取高精度 Δr。由于差值方法获取的 Δr 精度偏低，实际上主要利用两副雷达天线接收信号的路径差与相位差之间的关系来计算，见式（2.21）和式（2.22）。

$$\frac{\partial h}{\partial \Delta r} = \frac{\partial h}{\partial \theta}\frac{\partial \theta}{\partial \Delta r} = R_1\left[-\frac{R_1 + \Delta r}{BR_1\cos(\theta - \alpha)}\right]\sin\theta \approx -\frac{R_1\sin\theta}{B\cos(\theta - \alpha)} \qquad （2.20）$$

$$\phi = (2\pi/\lambda) \times \Delta r \qquad （2.21）$$

$$\phi \approx \frac{2\pi}{\lambda}\left[\frac{B}{2R_2} + B\cos(\alpha + \theta)\right] \qquad （2.22）$$

式中，ϕ 是两路复信号的相位差；λ 是载波信号的波长。由式（2.19）计算出 θ 并代入式（2.18），即可求出 P 点高程 h。

2.3　卫星测高的误差来源

卫星测高的基本原理是根据高度计发射的脉冲信号，测量信号从高度计到达海面星下点的往返双程传播时间。如果大气是真空的，并且海面波高服从高斯分布，那么从高度计到星下点平均海面的距离可根据信号的双程传播时间和光速确定。但大气中存在水汽、干气和自由电子，使得雷达脉冲信号传播速度衰减，此外，海面波高的非高斯分布也会对距离估测引入附加的偏差。如果不考虑大气折射和海况偏差的影响，即使考虑了每一项改正的时间变化（即沿卫星地面轨迹每一个位置上，都剔除了时间平均距离的改正），距离测量的误差仍然很大，比预期的目标还大一个量级。因此，必须根据海洋学对测高数据的高精度要求，应用大气折射、海况偏差等改正将往返传播时间转变成真实准确的距离。

2.3.1 轨道误差

卫星轨道误差对测高精度影响最大，其中轨道径向误差是轨道误差中最主要的部分，因此下面主要分析轨道径向误差。

轨道径向误差主要由跟踪误差、重力场模型误差、空气阻力、太阳辐射压等因素引起，其中最主要的是重力场模型误差。卫星的轨道跟踪技术与卫星任务完成质量关系密切，一般主要采用动力学、简化动力学和运动学等方法进行卫星精密定轨（Montenbruck and Gill，2000；Visser et al.，2003；Tapley et al.，2004），下面以运动学定轨方法为例介绍卫星径向轨道偏差。

卫星的一般线性观测方程为

$$f = f_0 + \frac{\partial f}{\partial s}\frac{\partial s}{\partial s_1}\Delta s_1 + \frac{\partial f}{\partial s}\frac{\partial s}{\partial p}\Delta p + \frac{\partial f}{\partial q}\Delta q \qquad (2.23)$$

式中，f 为任一观测量；s 为卫星在 t 时刻的六维状态矢量；s_1 为轨道初始状态矢量；p 为作用在卫星上的 n 维力矢量；q 为非力学模型的 m 维矢量；$\Delta(\cdot)$ 为变量的微分；卫星到海面的距离可表示为

$$\rho = r - h - r_E \qquad (2.24)$$

式中，r 和 r_E 为卫星和参考椭球面的地心距；h 为参考椭球面的海面高，则根据式（2.23）可得初始量为 ρ_0 的表达式为

$$\rho = \rho_0 + \frac{\partial r}{\partial s}\frac{\partial s}{\partial s_1}\Delta s_1 + \frac{\partial r}{\partial s}\frac{\partial s}{\partial p}\Delta p + \frac{\partial r}{\partial q}\Delta q - h - r_E \qquad (2.25)$$

海面高 h 可表示为大地水准面 N 和稳态海面地形 ζ 之和：

$$h = N + \zeta \qquad (2.26)$$

将大地水准面 N 用参考重力场模型表示，那么海面高又可表示为

$$h = N_0 + \frac{\partial N}{\partial p'}\Delta p' + \Delta N^0 + \frac{\partial \zeta}{\partial p_T}\Delta p_T \qquad (2.27)$$

式中，p' 表示参考重力场位系数的 n 维矢量；ΔN^0 表示截断误差；p_T 表示稳态海面地形系数的 k 维矢量。

由于观测值与 q 没有相关性，参数 p 仅表示重力场的位矢量，在剔除阶段误差后，ρ 可表示为

$$\rho = \rho_0 + \frac{\partial r}{\partial s}\frac{\partial s}{\partial s_1}\Delta s_1 + \left[\frac{\partial r}{\partial s}\frac{\partial s}{\partial p} - \frac{\partial N}{\partial p}\right]\Delta p + \frac{\partial \zeta}{\partial p_T}\Delta p_T \qquad (2.28)$$

此时，$\rho_0 = r_0 - N_0 - r_E$，由此可得到径向轨道误差：

$$\Delta r = \frac{\partial r}{\partial s}\frac{\partial s}{\partial s_1} + \frac{\partial r}{\partial s}\frac{\partial s}{\partial p}\Delta p = \Delta r_1 + \Delta r_G \tag{2.29}$$

式中，Δr_1 为初始状态矢量误差；Δr_G 为重力源误差。

目前，随着空间大地测量技术的发展，特别是其长基线干涉测量（very long baseline interferometry，VLBI）、GPS 或者 DORIS 跟踪系统等技术的完善，跟踪站的位置精度已达厘米级甚至毫米级（宋淑丽等，2009）。

2.3.2 测高误差

1. 大气折射改正

卫星雷达信号在空中传播时受大气中水分子、悬浮物、电子浓度的影响而产生折射、散射甚至延迟。大气层传播延迟改正是在高度计信号传播过程中，由于折射率的变化产生的误差改正，这些误差主要包括电离层、对流层的延迟影响。

大气折射的影响通常使用距离改正（即路径延迟）的方式表示，定义为根据真空中的光速与双程传播时间估测距离中减去的路径长度。如果不进行大气折射改正，将导致所测距离比实际距离偏长。

在非色散介质中，如在对流层中，大气引起的折射与频率无关，这种情况的距离改正公式是较单一的。此时，卫星到平均海面的距离为 R，信号传播的往返时间为 $t_{1/2}$，则大气折射引起的距离改正为

$$\Delta R = \hat{R} - R = \frac{c}{2}\int_0^{t_{1/2}}\frac{\eta-1}{\eta}\mathrm{d}t \tag{2.30}$$

式中，c 为真空中的光速；$\hat{R} = ct_{1/2}$ 为忽略折射计算的距离；η 为折射系数的实部，$\eta = 1$ 代表真空，$\eta > 1$ 代表非色散介质，$\eta < 1$ 代表色散介质。

1）干对流层改正

对流层是指从地球表面向上延伸约 40km 范围的大气底层，约含 75% 的大气质量和 90% 以上的水汽质量。当电磁波信号通过大气层时，由于大气折射率的变化，传播路径会产生弯曲，从而造成所测距离存在误差。

对流层改正与水汽含量及其他气体有关，包括干分量改正和湿分量改正。其中，干分量改正可通过地面气压测量值用模型表示，湿分量改正通常用机载辐射计的测量值进行处理和改正。

大气折射的干分量改正是卫星测高误差中最大的一项改正，在高度计测量中必须对这项误差进行改正。干对流层改正可以表示为（Thayer，1974）

$$N_{\mathrm{dry}}(z) = \beta_{\mathrm{dry}}R_{\mathrm{a}}\rho_{\mathrm{a}}(z) \tag{2.31}$$

式中，$R_{\mathrm{a}} = 2.8704\times10^6\,\mathrm{ergs(gK)}^{-1}$，表示 1g 气体的气体常数，$1\mathrm{ergs} = 10^{-7}\mathrm{J}$；$\beta_{\mathrm{dry}}$ 是一个经验参数，$\beta_{\mathrm{dry}} = 77.6\mathrm{K/(mbar}^{①})$；$\rho_{\mathrm{a}}$ 为总的气体密度（$\mathrm{g/cm}^3$）；z 表示高度。如果不是理想气体，干对流层改正可表示为

---

① 1mbar=100Pa。

$$\Delta R_{\mathrm{dry}} = 10^{-6} \int_0^R N_{\mathrm{dry}}(z)\mathrm{d}z = \beta'_{\mathrm{dry}} \int_0^R \rho_{\mathrm{a}}(z)\mathrm{d}z \tag{2.32}$$

式中，$\beta'_{\mathrm{dry}} = 10^{-6} R_{\mathrm{a}} \beta_{\mathrm{dry}} = 222.74\,\mathrm{cm}^3/\mathrm{g}$。根据式（2.31），如果折射率有 0.2%的不确定性，就会引入不可忽略的距离改正。式（2.32）中空气密度的垂直积分可近似表示为

$$\int_0^R \rho_{\mathrm{a}}(z)\mathrm{d}z \approx \frac{P_0}{g_0(\varphi)} \tag{2.33}$$

式中，$g_0(\varphi)$ 为在地球上纬度为 φ 处的重力加速度；P_0 为海面大气压，因此干对流层距离改正可表示为

$$\Delta R_{\mathrm{dry}} \approx 222.74 \frac{P_0}{g_0(\varphi)} \tag{2.34}$$

与纬度相关的 $g_0(\varphi)$ 可近似表示为 $g_0(\varphi) = \bar{g}_0(1 - 0.0026\cos 2\varphi)$，$\bar{g}_0$ 表示地球重力加速度的标准参考值。对式（2.34）进行泰勒展开，那么干对流层距离改正可表示为

$$\Delta R_{\mathrm{dry}} \approx 0.22274 P_0(1 + 0.0026\cos 2\varphi) \tag{2.35}$$

欧洲中尺度天气预报中心（European Centre for Medium-Range Weather Forecasts，ECMWF）和国家环境预测中心（National Centers for Environmental Prediction，NCEP）对海面大气压的测量值经常为研究学者所使用，其标准偏差在 2～7mbar。如果海面大气压测量误差在 5mbar 内，就可以保证对流层湿分量的误差在 1.1cm 之内。

地表水平气压（surface level pressure，SLP）的直接观测在全球海面上呈稀疏分布。获得地表水平气压场唯一可行的途径是利用地表水平气压各种情况下的观测值，整合建立天气预报模型，然后从数值天气预报模型中生成地表水平气压场。目前，高度计使用的地表水平气压由欧洲中尺度天气预报中心的天气预报模型生成，该模型每天实施 4 次天气分析，被广泛认为是全球最好的气象分析模型。

2）湿对流层改正

湿对流层改正包括水汽改正和云层液态水滴改正。根据陆地上空云层液态水滴大小分布的测量情况，云层液态水滴的折射影响几乎与液态水滴密度 $\rho_{\mathrm{liq}}(z)$ 呈线性函数关系。

$$N_{\mathrm{liq}}(z) = \beta_{\mathrm{liq}} \rho_{\mathrm{liq}}(z) \tag{2.36}$$

式中，N_{liq} 为云层液态水滴折射率；$\beta_{\mathrm{liq}} = 1.6 \times 10^6\,\mathrm{cm}^3/\mathrm{g}$，由式（2.36）可得雷达高度计在传播过程中液态水滴折射改正为

$$\Delta R_{\mathrm{liq}} = 10^{-6} \int_0^R N_{\mathrm{liq}}(z)\mathrm{d}z = 1.6 L_z \tag{2.37}$$

式中，$L_z = \int_0^R \rho_{\mathrm{liq}}(z)\mathrm{d}z$ 表示传播过程中的液态水柱积分。

在信号传输过程中，湿对流层改正受水汽的影响比云层水滴的影响更大。其中，水汽折射率表达式为

$$N_{\mathrm{vap}}(z) = \beta_{\mathrm{vap}} R_{\mathrm{vap}} \frac{\rho_{\mathrm{vap}}(z)}{T(z)} \tag{2.38}$$

式中，$R_{\mathrm{vap}} = 4.613 \times 10^6\,\mathrm{ergs(gK)}^{-1}$ 表示 1g 水汽的气体常数，β_{vap} 是一个经验估值，

$\beta_{\text{vap}} = 3.74 \text{K/(mbar)}$；$\rho_{\text{vap}}(z)$ 为局部水汽密度；$T(z)$ 为温度。根据式（2.38），得到水汽的距离改正为

$$\Delta R_{\text{vap}} = 10^{-6} \int_0^R N_{\text{vap}}(z) \mathrm{d}z = \beta_{\text{vap}}' \int_0^R \frac{\rho_{\text{vap}}(z)}{T(z)} \mathrm{d}z \qquad （2.39）$$

式中，$\beta_{\text{vap}}' = 10^{-6} R_{\text{vap}} \beta_{\text{vap}} = 1720.6 \text{K} \cdot \text{cm}^3/\text{g}$。

除采用上述湿对流层改正方法外，湿对流层延迟改正还可用微波辐射计测得的亮温进行距离改正。由于 22.235GHz 是水汽吸收波段的峰值，对水汽的柱体积分更加敏感（Ruf et al.，1995），水汽路径延迟可通过测量 22.235GHz 附近水汽线的亮温进行计算。例如，ERS、TOPEX/Poseidon、HY-2E 等高度计均搭载了微波辐射计，以方便对湿对流层延迟进行改正。

微波辐射计测得的亮度温度是大气和海面辐射能量大小的量度，与大气和海洋表面的各状态参数，如表面温度、大气温度、大气压强、水汽密度、液体密度、有效辐射系数等有关。在利用微波辐射计进行湿对流层延迟改正时常分两步进行，首先判断获取的亮温数据是否被雨或陆地污染。如果数据未污染，则利用全球系数和测量的微波辐射计亮温数据计算云中液态水和风速，从而通过相关公式测定路径延迟改正。

当没有微波辐射计时，只能利用相应的对流层模型进行改正，常用的有 Hopfield 模型（Hopfield，1969）、Saastamoinen 模型（Saastamoinen，1973）、Black 模型（Black，1978）、Marini 模型（Marini，1972）等。

3）电离层改正

电离层处于地球大气层顶部，在地面向上 70km 以上范围，主要由太阳和其他天体的各种射线对空气的电离作用而形成的带电等离子体组成。当测高卫星信号穿过电离层时，会产生折射效应，从而对传播信号产生时延。电离层改正可采用双频仪器改正，如 TP 卫星用 Ku 波段和 C 波段两种频率。

电离层改正主要考虑卫星信号传播时电离层中自由电子含量的变化，其信号延迟反比于高度计监测频率的平方。对于高于 2GHz 的辐射，电离层折射率的实部可近似表示为

$$\eta_{\text{ion\_real}} = 1 - \left(\frac{f_p^2}{f^2} \right)^{\frac{1}{2}} \qquad （2.40）$$

式中，f 为脉冲传输频率；f_p 为等离子体特征频率，表示大气中电子的振荡频率，仅与电子密度 n_e 有关：$f_p^2 = 80.6 \times 10^6 n_e$。

对式（2.40）进行二项式展开，可得

$$\eta_{\text{ion\_real}} \approx 1 - \frac{f_p^2}{2f^2} = 1 - \frac{40.3 \times 10^6 n_e}{f^2} \qquad （2.41）$$

电离层是色散介质，且电磁辐射能量的传播速度是按照群速度传播的，因此需确定电离层群折射率。群速度可通过弥散关系 $c_p = c / \eta_{\text{ion}} = \dfrac{\omega}{k}$ 确定，则群速度可表示为

$$c_{\mathrm{g}} = \frac{\mathrm{d}\omega}{\mathrm{d}k} = \frac{\mathrm{d}\omega}{\mathrm{d}(\omega\eta_{\mathrm{ion}}/c)} = \frac{c}{\eta_{\mathrm{ion}}} - \frac{\omega}{\eta_{\mathrm{ion}}}\frac{\mathrm{d}\eta_{\mathrm{ion}}}{\mathrm{d}k} = \frac{c}{\eta_{\mathrm{ion}}} - \frac{\omega}{\eta_{\mathrm{ion}}}\frac{\mathrm{d}\eta_{\mathrm{ion}}}{\mathrm{d}\omega}\frac{\mathrm{d}\omega}{\mathrm{d}k} = \frac{c}{\eta'_{\mathrm{ion}}} \qquad (2.42)$$

式中，k 为波数；ω 为角频率；η_{ion} 为电离层折射率。

根据式（2.42）可得到群折射系数为

$$\eta'_{\mathrm{ion}} = \eta_{\mathrm{ion}} + \omega\frac{\mathrm{d}\eta_{\mathrm{ion}}}{\mathrm{d}\omega} = \frac{\mathrm{d}}{\mathrm{d}\omega}(\omega\eta_{\mathrm{ion}}) = \frac{\mathrm{d}}{\mathrm{d}f}(f\eta_{\mathrm{ion}}) = 1 + \frac{40.3\times10^6 n_{\mathrm{e}}}{f^2} \qquad (2.43)$$

因此，可确定电离层群折射率为

$$N_{\mathrm{ion}}(z) = 10^6(\eta'_{\mathrm{ion}} - 1) = \frac{40.3\times10^6}{f^2}n_{\mathrm{e}}(z) \qquad (2.44)$$

根据式（2.44）电离层改正为

$$\Delta R_{\mathrm{ion}} = 10^{-6}\int_0^R N_{\mathrm{ion}}(z)\mathrm{d}z = \frac{40.3\times10^6}{f^2}\int_0^R n_{\mathrm{e}}(z)\mathrm{d}z = \frac{40.3\times10^6}{f^2}N_{\mathrm{e}} \qquad (2.45)$$

自由电子的电磁辐射主要集中在大气层 50～2000km 的区域，其中电磁辐射最高的部分集中在 250～400km。自由电子的数量在白天和黑夜的变化较大，其变化可达几倍量级。另外，自由电子的数量还受纬度、季节的影响。目前，国内外高度计大部分采用双频测高仪对电离层距离延迟进行改正，如 T/P 卫星采用的 Ku 和 C 波段，假设信号传播途径一致，电子总含量一致，则有

$$\begin{cases} h_{\mathrm{Ku}} = h_0 + 40.3\times10^6\dfrac{N_{\mathrm{e}}}{f_{\mathrm{Ku}}^2} \\[3mm] h_{\mathrm{C}} = h_0 + 40.3\times10^6\dfrac{N_{\mathrm{e}}}{f_{\mathrm{C}}^2} \end{cases} \qquad (2.46)$$

根据式（2.46）改正卫星高度，有

$$h_0 = \frac{f_{\mathrm{Ku}}^2 h_{\mathrm{Ku}} - f_{\mathrm{C}}^2 h_{\mathrm{C}}}{f_{\mathrm{Ku}}^2 - f_{\mathrm{C}}^2} \qquad (2.47)$$

式中，h_{Ku} 和 h_{C} 分别为 Ku 波段和 C 波段所测量的高度；h_0 为高度计的实际高度；N_{e} 为电离层总电子含量；f_{Ku} 和 f_{C} 分别为 Ku 波段和 C 波段电磁波频率。

事实证明，双频测高仪对电离层延迟改正有明显的改善效果。而对单频测高卫星电离层总电子含量，则需通过太阳辐射对电离层影响的模型求解。常用的模型有 Klobuchar 模型（Klobuchar，1987）、Bent 模型（Bent et al.，1972）和 IRI 模型（Bilitza，2001）等。

2. 潮汐改正

1）固体潮

固体潮是指在日、月引潮力的作用下，固体地球产生的周期性形变的现象。月球和太阳对地球的引力不仅能引起地球表面流体的潮汐（如海潮、大气潮），还能引起地球固体部分的周期性形变。受固体潮的影响，地面不停地变形，进而影响到各种测量数据的精确度。因此，精密大地测量结果应加入相应的修正（方俊，1984）。

固体潮改正 H_{solid} 可通过二阶调和球谐函数来确定（Cartwright and Edden，1973）

$$H_{solid} = H_2 * \frac{V_2}{g} + H_3 * \frac{V_3}{g} \qquad (2.48)$$

式中，H_2=0.609；H_3=0.291；g 为重力加速度；V_2 为二阶引潮位球谐函数；V_3 为三阶引潮位球谐函数。二阶引潮位球谐函数 V_2 可以表示成带谐、田谐和扇谐引潮位之和，分别对应长周期、周口和半口潮波分量：$V_2 = V_{20} + V_{21} + V_{22}$，三阶引潮位球谐函数则分别对应长周期、周口、半口潮波分量和 1/3 日周期分量：$V_3 = V_{30} + V_{31} + V_{32} + V_{33}$。

2）海洋潮汐

由于地球上各点与月球的距离存在差异，由牛顿万有引力定律可知地球上各点所受到的月球引力各不相同。地球上海水受到日月引潮力而产生规律性升降运动的现象称为海洋潮汐。海洋潮汐 Δh_{ocean} 可分为弹性海洋潮汐 Δh_{eot} 和负荷载潮汐 Δh_{lt}，$\Delta h_{ocean} = \Delta h_{eot} + \Delta h_{lt}$。

Δh_{eot} 可通过 13 个潮波（M2、S2、N2、K2、K1、O1、P1、Q1、L2、T2、N2、v2、μ2）对应的测高进行计算。

$$\Delta h_{eot} = \sum_{i=1}^{13} f_i[a_i \cos(\sigma_i t + \chi_i + u_i) + b_i \sin(\sigma_i t + \chi_i + u_i)] \qquad (2.49)$$

式中，σ_i 为波 i 的频率；χ_i 为波 i 的天文分量；f_i 为波幅节点改正；u_i 为相位节点改正；t 为测量的时间，$a_i = A_i \cos\varphi_i$，$b_i = A_i \sin\varphi_i$，A_i 和 φ_i 分别为振幅和相位。

Δh_{lt} 可用 8 个潮波（M2、S2、N2、K2、K1、O1、P1、Q1）进行计算：

$$\Delta h_{lt} = \sum_{i=1}^{8} f_i[c_i \cos(\sigma_i t + \chi_i + u_i) + d_i \sin(\sigma_i t + \chi_i + u_i)] \qquad (2.50)$$

式中，$c_i = B_i \cos\varphi_i$，$d_i = B_i \sin\varphi_i$，B_i 和 φ_i 分别为振幅和相位。

目前，高度计使用的海洋潮汐改正模型有很多种，如 Geosat 最早采用的 Schwidersk 模型就是利用 T/P 数据同化得到的 GOT992.b 模型，以及可使观测值与水动力模式达到最优的深海同化模型 TPX0.5 等生成。

3）极潮

由地球自转的变化和地极的移动而引起的地壳弹性变化产生的测站位移称为极潮效应。极潮是地球物理校正中最小的一项。目前，星载雷达高度计极潮校正改正均依据下式：

$$H_{pole} = A \sin(2 \cdot lat)[(x_{pole} - x_{poleavg}) \cdot \cos(lon) + (y_{pole} - y_{poleavg}) \cdot \sin(lon)] \qquad (2.51)$$

式中，A 为常量，与测高卫星有关；lat 为纬度；lon 为经度；x_{pole} 和 y_{pole} 为极地位置；$x_{poleavg}$ 和 $y_{poleavg}$ 为极地位置平均距离。

3. 海况改正

1）电磁偏差

电磁偏差是由每单位反射面上波谷反射功率大于波峰反射功率而引起的。从某种程度上来说，这是从小波浪反射面反射回来的后向散射功率与波谱长波部分的曲率半径成比例导致的偏差。如果海面高为非高斯分布，那么海洋波浪通常都是倾斜的，以至于波谷的曲率半径大于波峰的曲率半径，结果是后向散射功率趋近于波谷而引起偏差。

电磁偏差可表示为有效波高 $H_{1/3}$（视场内最大浪高的 1/3 高度）的函数。随着浪高的增加，电磁偏差单调增加，其可表示为

$$\Delta R_{EM} = -bH_{1/3} \tag{2.52}$$

式中，b 为电磁偏差系数。其表达式为

$$b = \frac{1}{8}\left(\lambda_{120} \frac{\langle \zeta_x^2 \rangle_L}{\langle \zeta_x^2 \rangle_L + \langle \zeta_x^2 \rangle_S} + \lambda_{102} \frac{\langle \zeta_y^2 \rangle_L}{\langle \zeta_y^2 \rangle_L + \langle \zeta_y^2 \rangle_S} \right) \tag{2.53}$$

式中，尖括号表示期望值；下标 L 和 S 分别表示长波波长和短波波长；x 和 y 表示在波浪传播方向的空间导数；λ 为倾斜系数，定义为平均海面高 ζ 的函数

$$\lambda_{ijk} = \frac{\langle \zeta^i \zeta_x^j \zeta_y^k \rangle}{\langle \zeta^2 \rangle^{\frac{i}{2}} \langle \zeta_x^2 \rangle^{\frac{j}{2}} \langle \zeta_y^2 \rangle^{\frac{k}{2}}} \tag{2.54}$$

式中，λ_{ijk} 中下标 i、j、k 分别对应 ζ、ζ_x 和 ζ_y 的幂指数。例如，系数 λ_{011} 表示在笛卡儿坐标系中两个波面斜度分量 ζ_x 和 ζ_y 之间的关系。

2）倾斜偏差

雷达高度计反射面中央对应的时间是返回波形前缘半功率点处的双程传播时间，倾斜偏差是指平均散射面与反射面中央的高程差异，即高度计波形的均值与中值的差异。倾斜偏差（Srokosz，1986；Rodríguez，1988）可近似表示为

$$\Delta R_{skew} = -\lambda_\zeta \frac{H_{1/3}}{24} \tag{2.55}$$

式中，λ_ζ 表示高程倾斜。实际上倾斜偏差包含在总的海况偏差中，由于回波波形前缘的特殊形状，通过波形重跟踪即可估计出倾斜偏差（Srokosz，1986）。

2.3.3 瞬间海面与大地水准面的偏差

雷达高度计测量的是高度计向地球表面发射的电磁脉冲被海面垂直反射后回到卫星

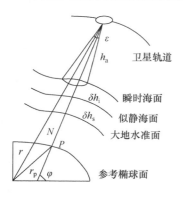

图 2.8　雷达高度计测高过程

的时间，从而可以推导卫星相对瞬时海面的高度，但由于大地水准面是平均海水面重合并延伸到大陆内部的水准面，所测得的瞬时海面与大地水准面存在一定的偏差，如图 2.8 所示，根据图中几何关系，可以得到卫星到瞬时海平面的高度 h_a

$$h_a = r - r_p + \frac{r}{8}\left(1 - \frac{r_p}{r}\right)e^4 \sin^2 2\varphi - (N + \delta h_i + \delta h_s) \tag{2.56}$$

式中，e 为椭圆偏心率；h_a 为卫星相对瞬时海面的高度；r 为卫星与地心的距离；r_p 为卫星星下点 P 的地心距；φ 为地理纬度；δh_i 为瞬时海面和似静海面之间

的差距；δh_s 为似静海面和大地水准面的差距；N 为大地水准面高。

2.4 本 章 小 结

本章简要介绍了星载雷达高度计后向散射强度、波形数据及不同类型星载雷达高度计的测高原理，分析了卫星测高过程中的主要误差项，包括轨道误差、测高误差、瞬时海面与大地水准面的偏差。

参 考 文 献

方俊. 1984. 固体潮. 北京：科学出版社.

郭金运、常晓涛、孙佳龙，等. 2013. 卫星雷达测高波形重定及应用. 北京：测绘出版社.

蒋茂飞. 2018. HY-2A 卫星雷达高度计测高误差校正和海陆回波信号处理技术研究. 北京：中国科学院大学博士学位论文.

宋淑丽、朱文耀、熊福文，等. 2009. 毫米级地球参考框架的构建. 地球物理学报, 52(11): 2704-2711.

王磊. 2015. 高精度卫星雷达高度计数据处理技术研究. 北京：中国科学院空间科学与应用研究中心博士学位论文.

杨双宝、刘和光、许可，等. 2007. 合成孔径高度计的海面回波仿真. 遥感学报, 11(4): 446-451.

Bent R B, Llewellyn S K, Wallock M K. 1972. Description and evaluation of the bent ionospheric model. Melbourne, Florida: Technical Report of DBA Systems.

Bilitza D. 2001. International reference ionosphere 2000. Radio Science, 36(2): 261-275.

Black H D. 1978. An easily implemented algorithm for the tropospheric range correction. Journal of Geophysical Research Solid Earth, 83(B4): 1825-1828.

Brenner A C, Koblinsky C J, Beckley B D. 1990. A preliminary estimate of geoid-induced variations in repeat orbit satellite altimeter observations. Journal of Geophysical Research Oceans, 95(C3): 3033-3040.

Brown G S. 1977. The average impulse response of a rough surface and its application. IEEE Transactions on Antennas and Propagation, 25(1): 67-74.

Cartwright D E, Edden A C. 1973. Corrected tables of tidal harmonics. Geophysical Journal of the Royal Astronomical Society, 33(3): 253-264.

Chelton D B, Deszoeke R A, Schlax M G, et al. 1998. Geographical variability of the first baroclinic rossby radius of deformation. Journal of Physical Oceanography, 28(3): 433-460.

Chelton D B, Ries J C, Haines B J, et al. 2001. Chapter 1 satellite altimetry. International Geophysics, 69(1): 1-131.

Elfouhaily T, Thompson D R, Chapron B, et al. 2000. Improved electromagnetic bias theory. Journal of Geophysical Research, 105(C1): 1299.

Fu L L, Cazenave A. 2001. Satellite Altimetry and Earth Sciences: A Handbook of Techniques and Applications. San Diego: Academic Press.

Hopfield H S. 1969. Two-quartic tropospheric refractivity profile for correcting satellite data. Journal of Geophysical Research, 74(18): 4487-4499.

Jiang L, Schneider R, Andersen O B, et al. 2017. CryoSat-2 altimetry applications over rivers and lakes. Water, 9(3): 211.

Klobuchar J A. 1987. Ionospheric time-delay algorithm for single-frequency GPS users. IEEE Transactions on Aerospace and Electronic Systems, AES-23(3): 325-331.

Marini J W. 1972. Correction of satellite tracking data for an arbitrary tropospheric profile. Radio Science,

7(2): 223-231.

Montenbruck O, Gill E. 2000. Satellite Orbits. Berlin Heidelberg: Springer.

Raney R K. 1998. The delay/doppler radar altimeter. IEEE Transactions on Geoscience and Remote Sensing, 36(5): 1578-1588.

Ray C, Martin-Puig C, Clarizia M P, et al. 2015. SAR Altimeter backscattered waveform model. IEEE Transactions on Geoscience and Remote Sensing, 53(2): 911-919.

Rodríguez E. 1988. Altimetry for non-Gaussian oceans: height biases and estimation of parameters. Journal of Geophysical Research Oceans, 93(C11): 14107-14120.

Ruf C S, Keihm S J, Janssen M A. 1995. TOPEX/Poseidon Microwave Radiometer(TMR). I. Instrument description and antenna temperature calibration. IEEE Transactions on Geoscience and Remote Sensing, 33(1): 125-137.

Saastamoinen J. 1973. Contributions to the theory of atmospheric refraction. Bull Géod, 107(1): 13-34.

Schwiderski E W. 1980. On charting global ocean tides. Reviews of Geophysics, 18(1): 243-268.

Srokosz M A. 1986. On the joint distribution of surface elevation and slopes for a nonlinear random sea, with an application to radar altimetry. Journal of Geophysical Research: Oceans, 91(C1): 955.

Tapley B D, Schutz B E, Born G H. 2004. Statistical orbit determination. Statistical Orbit Determination, 39(3): 525-536.

Thayer G D. 1974. An improved equation for the radio refractive index of air. Radio Science, 9(10): 803-807.

Visser P N, Ijssel A M, Aiming V D, et al. 2003. Aiming at a 1-cm orbit for low earth orbiters: reduced-dynamic and kinematic precise orbit determination. Space Science Reviews, 108(1-2): 27-36.

Wingham D, Francis C, Baker S, et al. 2006. CryoSat: a mission to determine the fluctuations in Earth's land and marine ice fields. Advances in Space Research, 37(4): 841-871.

第3章 星载雷达高度计数据处理

3.1 回 波 模 型

雷达高度计的关键原理是测量雷达回波的脉冲形状和时间信息,图 3.1 显示了高度计脉冲与地面交互作用的过程及返回功率的状况。如果反射面是光滑的理想反射面,当脉冲前进时,雷达照射区域从点快速增加到圆盘。然后,随着脉冲的消失,变成一个圆盘慢慢向外扩散,而圆盘的面积近似保持不变。从反射面返回的信号能量与反射面积成正比。随着脉冲信号不断撞击反射面,圆盘面积快速增大形成圆环,然后圆环大小保持不变到达雷达波束边缘,返回信号开始消失。因此,雷达回波功率呈现如下状况:在脉冲信号未到达反射面之前,接收机接收的返回功率理论上为零,但由于存在热及电流噪声,功率一般不为零;随着信号逐渐返回,功率逐渐增大,从而出现上升幅度较大的前缘上升区;当达到最大信号后,回波功率逐渐减小,出现后缘逐渐下降的衰减区。如果反射面不是平坦光滑的,而是由高度服从正态分布的点散射体组成,那么脉冲需要较长时间撞击所有散射体,因而回波上升时间就会变得较长。

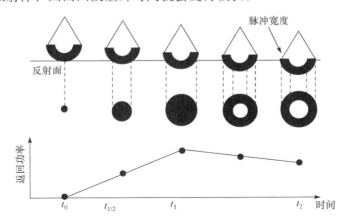

图 3.1　高度计脉冲与地面交互作用过程及返回功率状况

如图 3.1 所示,如果脉冲在时刻 $t=0$ 时发射,参考时间为 t_0 和 t_1,t_0 为卫星天线接收到信号的时刻,有

$$t_0 = 2\frac{h}{c}$$
$$t_1 = t_0 + \tau \tag{3.1}$$

式中,h 为卫星到地面最近点间的距离;c 为真空中的光速;τ 为脉冲宽度。高度计脉冲与时间有如下关系。

$t=t_1$:球形脉冲的后部到达海面,亮度圆盘即变成一个圆环,圆环半径继续增大,同时保持面积大小不变，这种状况一直持续到圆环的外沿延伸到雷达波束的边缘。

$0 < t < t_1$：雷达高度计按球形脉冲向海面传播，在地面上所能接收的球形面积可根据天线的波束宽度确定。

$t = t_0$：在这一瞬间，入射脉冲接触海面并照射海面呈现出一个亮点，此时回波信号开始反射回卫星。

$t_0 < t < t_1$：随着时间的增加，亮点变成圆盘的中心，圆盘面积也开始增加。

卫星接收机接收到的返回功率与照射的海面面积成正比。回波功率在 $t_0 \sim t_1$ 增加很快，一直持续到脉冲后缘到达海面的时刻 t_1，之后，功率保持为常数。事实上，在时刻 t_1，在高度计天线模式的作用下，非星下点散射减弱，功率开始衰减。在这种情况下，海洋表面的回波斜面直接与有效波高有关，斜面中点可表示为与海面高度有关的量，而总回波功率与后向散射系数成正比；在小尺度海面，回波与粗糙度有关，最终直接与风速相关。

实际上，真正的回波由许多散射点的回波信号总和组成，每一个散射点都具有随机的相位和振幅（图 3.2），因此，每一个回波都受统计波动性的影响。为了实现实时跟踪，需要压缩数据量并将数据传输到地面进行处理，通常是将所有的回波取平均，这样能减小统计波动性的影响。

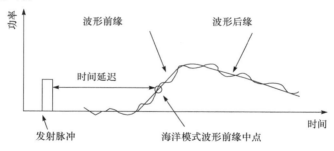

图 3.2　理想情况下的海面回波

Brown 在 1977 年基于物理光学理论，假设：

（1）散射面由足够多的随机独立散射单元组成；

（2）在整个平均回波构成的过程中，雷达照射面积内的高度统计可以假设是恒定的；

（3）散射是一个纯量（无向量）过程，没有极化影响，并且与频率无关；

（4）散射过程随入射角的变化取决于每单位散射面的后向散射界面和天线模式；

（5）雷达与照射面积内任何散射元之间的径向速度产生的总多普勒频率展开（$4V_r / \lambda$，V_r 为径向速度，λ 为雷达波长）小于传播脉冲包络的频率展开（$2/T$，T 为传播脉冲宽度）。在上述假设的基础上，导出了准垂直入射条件下雷达高度计的脉冲响应与平均后向散射功率的关系，因此粗糙面的平均脉冲响应 $P_1(t)$ 可由反射点高度的概率密度 $q(z)$ 和平均平坦表面的脉冲响应 $P_{FS}(t)$ 的卷积求得，即

$$P_1(t) = q(z) * P_{FS}(t) \qquad (3.2)$$

函数 $P_{FS}(t)$ 与后向散射截面 σ^0、天线增益、雷达到反射面的距离有关。

3.1.1 平坦海面的冲激响应

平坦海面的冲激响应函数 $P_{FS}(t)$ 所指的平均平坦表面为一个脉冲所能照射的范围，且假设平坦表面粗糙度很小，并在每单位散射面积内具有相同的后向散射截面 σ^0，同时将其作为真实地面来理解。

目标照射面积取决于散射，而高度计探测范围一般都超过目标面积，所以 $P_{FS}(t)$ 可以通过在脉冲照射区域内进行积分得到，即

$$P_{FS}(t) = \frac{\lambda^2}{(4\pi)^3 L_p} \int_{\text{illuminated area}} \frac{\delta\left(t - \frac{2r}{c}\right) G^2(\theta, \omega) \sigma^0(\psi, \varphi)}{r^4} \qquad (3.3)$$

式中，λ 为雷达载波波长；L_p 为双程传播损失；$\delta(t - 2r/c)$ 为相对于时间延迟的传输 δ 函数，c 为真空中的光速，r 为从雷达到地面反射基本面元 dA 的距离；$G(\theta, \omega)$ 为雷达天线的增益。其中，平坦地面脉冲响应的几何关系如图 3.3 所示。图中 xy 平面为平均平坦表面，z 轴为雷达天线到地面星下最低点的直线。雷达天线的视轴与 z 轴的夹角为 ξ，视轴在 xy 平面的投影与 x 轴的夹角为 $\overline{\varphi}$，dA 为某一个基本散射面元，从雷达天线到基本散射面元的直线与视轴的夹角为 θ，从雷达天线到基本散射面元的直线与 z 轴的夹角为 φ，天线相对于 xy 平面的高度为 h。应该指出的是，天线增益是用与视轴有关的角度 (θ, ω) 来描述的，而 σ^0 与 z 轴的角度 (ψ, φ) 有关。

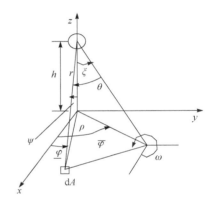

图 3.3 平坦地面脉冲响应的几何关系图

由 $dA = \rho d\rho d\psi$，只需确定 θ 作为 ρ 和 φ 的函数，在式（3.3）中对 φ 积分即可。根据余弦定理和三角恒等式，可以得到

$$\cos\theta = \frac{\cos\xi + \dfrac{\rho}{h}\sin\xi\cos(\overline{\varphi} - \varphi)}{\sqrt{1 + \left(\dfrac{\rho}{h}\right)^2}} \qquad (3.4)$$

天线增益可采用高斯函数近似：

$$G(\theta) \approx G_0 e^{-\frac{2}{r}\sin^2\theta} \qquad (3.5)$$

式中，G_0 表示 θ 为 0 时的天线增益，且 $r = \sqrt{h^2 + \rho^2}$，则式（3.3）可表示为如下形式

$$P_{FS}(t) = \frac{G_0^2 \lambda^2}{(4\pi)^3 L_p h^4} \int_0^\infty \int_0^{2\pi} \frac{\delta\left(t - \dfrac{2h}{c}\sqrt{1 + \varepsilon^2}\right)}{[1 + \varepsilon^2]^2} \sigma^0(\psi) \qquad (3.6)$$

$$\cdot \exp\left\{-\frac{4}{r}\left[1 - \frac{\cos^2\xi}{1 + \varepsilon^2}\right] + b + a\cos(\overline{\varphi} - \varphi) - b\sin^2(\overline{\varphi} - \varphi)\right\} d\varphi d\rho$$

式中，

$$\varepsilon = \rho/h \tag{3.7}$$

$$a = \frac{4\varepsilon}{r}\frac{\sin 2\xi}{(1+\varepsilon^2)} \tag{3.8}$$

$$b = \frac{4\varepsilon^2}{r}\frac{\sin^2 \xi}{(1+\varepsilon^2)} \tag{3.9}$$

因为是在 2π 范围内积分，而且根据被积函数的形式，还可以忽略式（3.6）中的 $\overline{\varphi}$，并用下式

$$\mathrm{e}^{-b\sin^2\theta} = \sum_{n=0}^{\infty}\frac{(-1)^n b^n \sin^{2n}\varphi}{n!} \tag{3.10}$$

代替式（3.6）中的相应部分，从而式（3.6）可进一步转化为

$$P_{\mathrm{FS}}(t) = \frac{2\sqrt{\pi}G_0^2\lambda^2\sigma^0(\psi_0)}{(4\pi)^3 L_{\mathrm{p}}h^4}\sum_{n=0}^{\infty}\frac{(-1)^n \Gamma\left(n+\dfrac{1}{2}\right)}{\Gamma(n+1)}$$

$$\cdot\int_0^{\infty}\left(\frac{2b}{a}\right)^n I_n(a)\cdot\exp\left[-\frac{4}{\gamma}\left(1-\frac{\cos^2\xi}{1+\varepsilon^2}\right)+b\right]\cdot\frac{\delta\left(t-\dfrac{2h}{c}\sqrt{1+\varepsilon^2}\right)}{[1+\varepsilon^2]^2}\rho\mathrm{d}\rho \tag{3.11}$$

式中，$\Gamma(\cdot)$ 为伽马函数；$I_n(\cdot)$ 为二阶贝塞尔函数，根据该序列的收敛性，可交换求和过程和积分过程。当变量变换在一个恰当的范围内时，可以通过式（3.11）进行积分。Brown 指出，当 $t < 2h/c$ 时，$P_{\mathrm{FS}}(t) = 0$，当 $t \geqslant 2h/c$ 时，式（3.11）又可写为

$$P_{\mathrm{FS}}(t) = \frac{G_0^2\lambda^2 c}{4(4\pi)^2 L_{\mathrm{p}}h^3}\frac{\sigma^0(\psi_0)}{(ct/2h)^3}\cdot\exp\left\{-\frac{4}{\gamma}\left[\cos^2\xi - \frac{\cos 2\xi}{(ct/2h)^2}\right]\right\}$$

$$\cdot\sum_{n=0}^{\infty}\frac{(-1)^n \Gamma\left(n+\dfrac{1}{2}\right)}{\sqrt{\pi}\Gamma(n+1)}\left[\sqrt{(ct/2h)^2-1}\tan\xi\right]^n\cdot I_n\left(\frac{4\sqrt{(ct/2h)^2-1}}{\gamma(ct/2h)^2}\sin^2\xi\right) \tag{3.12}$$

在式（3.12）中，将时间参数转换为 $\tau = t - 2h/c$，同时注意到星载高度计的 $c\tau/h \ll 1$，式（3.12）可进一步简化为（$\tau \geqslant 0$）

$$P_{\mathrm{FS}}(t) = \frac{G_0^2\lambda^2 c\sigma^0(\psi_0)}{4(4\pi)^2 L_{\mathrm{p}}h^3}\cdot\exp\left(-\frac{4}{\gamma}\sin^2\xi - \frac{4c}{\gamma h}\tau\cos 2\xi\right)$$

$$\cdot\sum_{n=0}^{\infty}\frac{(-1)^n \Gamma\left(n+\dfrac{1}{2}\right)}{\sqrt{\pi}\Gamma(n+1)}\left(\sqrt{\frac{c\tau}{h}}\tan\xi\right)^n\cdot I_n\left(\frac{4}{\gamma}\sqrt{\frac{c\tau}{h}}\sin 2\xi\right) \tag{3.13}$$

当 $\tau \leqslant 0$ 时，$P_{\mathrm{FS}}(t) = 0$。在测高的大多数场合，式（3.13）的无穷大序列可简化为

$$\sum_{n=0}^{\infty}(\cdot) = I_0(Y)\left\{1+\sum_{n=1}^{\infty}\frac{(-1)^n \Gamma\left(n+\dfrac{1}{2}\right)}{\Gamma(n+1)}\frac{I_n(Y)}{I_0(Y)}\left[\frac{\gamma Y}{8\cos^2\xi}\right]\right\} \tag{3.14}$$

式中，$Y = \dfrac{4}{\gamma}\sqrt{\dfrac{c\tau}{h}}\sin 2\xi$。当 τ 变得很大时，Y 也增大，因而贝塞尔序列函数的熵收敛很慢。但是，如果 $(\gamma Y)/(8\cos^2\xi) \ll 1$ 时，此序列还是高度收敛的，并且随着 n 的增大，$[(\gamma Y)/(8\cos^2\xi)]^n$ 减小很快。因此，有

$$\sqrt{\frac{c\tau}{h}}\tan\xi \ll 1 \tag{3.15}$$

因对精度没有明显损失，式（3.13）中的无穷大序列可以截去 $n=0$ 部分。由分析可知，平均平坦表面的脉冲响应函数 $P_{\mathrm{FS}}(t)$ 与后向散射截面 σ^0、天线增益、雷达到反射面的距离有关。$P_{\mathrm{FS}}(t)$ 所指的平均平坦表面为一个脉冲所能照射的范围，也就是一般意义上的雷达照射面积，即雷达足迹范围。高度计雷达足迹一般只有几千米，因此通常假设粗糙度很小，后向散射截面 σ^0 相同。最终得到平均平坦表面的脉冲响应函数 $P_{\mathrm{FS}}(t)$ 为

$$\begin{cases} P_{\mathrm{FS}}(\tau) = \dfrac{G_0^2\lambda^2 c\sigma^0(\psi_0)}{4(4\pi)^2 L_{\mathrm{p}} h^3}\cdot\exp\left[-\dfrac{4}{\gamma}\sin^2\xi - \dfrac{4c}{\gamma h}\tau\cos 2\xi\right]\cdot I_0\left(\dfrac{4}{\gamma}\sqrt{\dfrac{c\tau}{h}}\sin 2\xi\right), & \tau \geqslant 0 \\ P_{\mathrm{FS}}(\tau) = 0, & \tau < 0 \end{cases} \tag{3.16}$$

式中，$I_n(\cdot)$ 为第二类贝塞尔函数，且已经将时间参数进行了相应转换，用来表示雷达脉冲的实际往返时间与预计往返时间 $2h/c$ 之间的时间延迟。当 $t < 2h/c$，即 $\tau < 0$ 时，$P_{\mathrm{FS}}(\tau) = 0$。$\gamma$ 为与天线波束宽有关的参数，可以写为

$$\gamma = \frac{4}{\ln 4}\sin^2\frac{\theta_{\mathrm{w}}}{2} \approx \frac{\sin^2\theta_{\mathrm{w}}}{\ln 4} \tag{3.17}$$

式中，θ_{w} 为天线带宽。

3.1.2 海面散射面元的高度概率密度函数

通常情况下，假定海面散射面元（反射点）的高度概率密度是高斯函数，其表达式为

$$q(\tau) = \frac{1}{\sqrt{2\pi}\sigma_{\mathrm{s}}}\exp\left(-\frac{\tau^2}{2\sigma_{\mathrm{s}}}\right) \tag{3.18}$$

式中，σ_{s} 为反射点相对平均海面的均方根高度，有时也称海面均方根波高，但其与实际意义上的高度有所区别，其单位为时间单位（s），实际意义上的高度均方根波高 σ_{h} 的单位为 m，两者有如下关系：

$$\sigma_{\mathrm{h}} = \frac{c}{2}\sigma_{\mathrm{s}} \tag{3.19}$$

3.1.3 雷达系统点目标响应

对于窄脉冲星载雷达高度计，雷达系统点目标响应的有效时宽很小，一般为 20ns 或更低的量级。因此，在非常短的时间内，雷达系统的点目标响应也可用高斯函数来

近似，即

$$S_r(\tau) = \frac{P_T}{\sqrt{2\pi}\sigma_p} \exp\left(-\frac{\tau^2}{2\sigma_p^2}\right) \qquad (3.20)$$

式中，P_T 为雷达发射的峰值功率；σ_p 为点目标响应的 3dB 时宽，与发射脉冲的 3dB 时宽 T 的关系为

$$\sigma_p = 0.425T = \frac{T}{\sqrt{8\ln 2}} \qquad (3.21)$$

3.1.4 海面的平均回波功率

将式（3.16）和式（3.18）代入式（3.2）进行卷积计算，可得到粗糙海面平均脉冲响应 $P_l(\tau)$ 为

$$P_l(\tau) = \begin{cases} P_{FS}(0)\dfrac{1 + \mathrm{erf}\left(\dfrac{\tau}{\sqrt{2}\sigma_s}\right)}{2}, & \tau < 0 \\[4mm] P_{FS}(\tau)\dfrac{1 + \mathrm{erf}\left(\dfrac{\tau}{\sqrt{2}\sigma_s}\right)}{2}, & \tau \geqslant 0 \end{cases} \qquad (3.22)$$

式中，$\mathrm{erf}(\cdot)$ 为误差函数：

$$\mathrm{erf}(x) = \frac{2}{\sqrt{\pi}} \int_0^x \mathrm{e}^{-t^2}\mathrm{d}t \qquad (3.23)$$

当 $\tau = 0$ 时，贝塞尔零阶函数 $I_0\left(\dfrac{4}{\gamma}\sqrt{\dfrac{c\tau}{h}}\sin 2\xi\right) = I_0(0) = 1$。则 $P_{FS}(0)$ 为

$$P_{FS}(0) = \frac{G_0^2\lambda^2 c\sigma^0(\psi_0)}{4(4\pi)^2 L_p h^3} \exp\left(-\frac{4}{\gamma}\sin^2\xi\right) \qquad (3.24)$$

将平均粗糙面脉冲响应与雷达系统点目标响应 $S_r(\tau)$ 进行卷积，可得到海面的平均回波功率：

$$P_r(\tau) = P_l(\tau) * S_r(\tau) = P_{FS}(\tau) * q(\tau) * S_r(\tau) \qquad (3.25)$$

因为反射点的概率密度函数 $q(\tau)$ 和雷达系统点目标响应 $S_r(\tau)$ 都是高斯函数，所以式（3.25）的卷积顺序可改变为

$$P_r(\tau) = P_{FS}(\tau) * q(\tau) * S_r(\tau) = P_{FS}(\tau) * B(\tau) \qquad (3.26)$$

$$B(\tau) = q(\tau) * S_r(\tau) = \frac{P_T}{\sqrt{2\pi}\sigma_c} \exp\left(-\frac{\tau^2}{2\sigma_c^2}\right) \qquad (3.27)$$

式中，σ_c 表示总上升时间，其表达式为

$$\sigma_c = \sqrt{\sigma_p^2 + \sigma_s^2} \qquad (3.28)$$

将式（3.27）和式（3.16）代入式（3.26）进行卷积计算，同时考虑发射脉冲具有一定的压缩比率 η，可得海面平均回波功率 $P_r(\tau)$：

$$P_r(\tau) = P_{FS}(\tau) * B(\tau) = \int_{-\infty}^{\infty} P_{FS}(t)B(\tau - t)\mathrm{d}t$$

$$= \begin{cases} \eta P_T P_{FS}(0)\sqrt{2\pi}\sigma_p \dfrac{1 + \mathrm{erf}\left(\dfrac{\tau}{\sqrt{2}\sigma_c}\right)}{2}, & \tau < 0 \\[4mm] \eta P_T P_{FS}(\tau)\sqrt{2\pi}\sigma_p \dfrac{1 + \mathrm{erf}\left(\dfrac{\tau}{\sqrt{2}\sigma_c}\right)}{2}, & \tau \geqslant 0 \end{cases} \quad （3.29）$$

3.1.5 失真条件下的海面平均回波功率

考虑到理想高斯函数表示的海面反射点的概率密度函数并不足以真实反映实际海表面的高度概率密度分布，因此需引入一个海面失真常数 λ，则失真条件下的海面反射点的高度概率密度函数 $q(\tau)$ 为

$$q(\tau) = \frac{1}{\sqrt{2\pi}\sigma_s}\left[1 + \frac{\lambda_s}{6}H_3\left(\frac{\tau}{\sigma_{s_0}}\right)\right]\exp\left(-\frac{\tau^2}{2\sigma_{s_0}}\right) \quad （3.30）$$

式中，λ_s 为雷达系统海面失真系数；σ_{s_0} 为海面均方根波高；H_3 厄米（Hermite）多项式，即 $H_3(z) = z^3 - 3z$，z 为变量。

对于雷达系统点目标响应函数，可通过引入一个失真系数 λ_p 来反映非高斯海面对接收机的影响，则失真的雷达系统总目标响应 $S_r(\tau)$ 为

$$S_r(\tau) = \frac{P_T}{\sqrt{2\pi}\sigma_p}\left[1 + \frac{\lambda_p}{6}H_3\left(\frac{\tau}{\sigma_P}\right)\right]\exp\left(-\frac{\tau^2}{2\sigma_p^2}\right) \quad （3.31）$$

式中，λ_p 为雷达系统点目标响应失真系数，对 $B(\tau) = q(\tau) * S_r(\tau)$ 进行卷积计算，则有

$$B(\tau) = \left[1 + \frac{\lambda}{6}H_3\left(\frac{\tau}{\sigma}\right)\right]\frac{P_T}{\sqrt{2\pi}\sigma}\exp\left(-\frac{\tau^2}{2\sigma^2}\right) \quad （3.32）$$

式中，σ 为总上升时间；λ 为总失真，相应表达式如下：

$$\sigma = \sqrt{\sigma_p^2 + \sigma_{s_0}^2} \quad （3.33）$$

$$\lambda = \lambda_s\left(\frac{\sigma_{s_0}}{\sigma}\right)^2 + \lambda_p\left(\frac{\sigma_p}{\sigma}\right)^2 \quad （3.34）$$

由此，可计算推导失真海面的平均回波功率 $P_r(\tau)$ 为

$$P_r(\tau) = P_{FS}(\tau) * B(\tau) = \int_{-\infty}^{\infty} P_{FS}(t)B(\tau - t)\mathrm{d}t \quad （3.35）$$

上述积分较为复杂，在此省略推导过程，得到如下结论（王广运等，1995）：

在失真条件下，对海面回波波形的影响主要作用在回波曲线的前缘区，而且失真条件下的海面平均回波与理想高斯分布条件下的海面平均回波的波形差异并不大。因此，在海面回波波形的研究中除特殊的研究以外，仍采用理想高斯函数来近似表示海面镜像点的高度概率分布和雷达系统点目标响应。

3.2　回波波形分析

对海洋回波波形进行分析，可将其分成以下三种：

（1）散射波形（Laxon，1994），其反射方式为散射，该波形是开阔海域回波信号的基本波形，符合 Brown 模型，由近岸海域、粗糙反射面及巨型浮冰产生（Brown，1977；Laxon，1994）。

（2）镜面波形（Laxon，1994），其反射方式为镜面或似镜面反射，不符合 Brown 模型，该波形是典型的海冰回波波形，由多年海冰之间的静态海面或新冰的体表面产生，同时海岸线周围的静态水体也产生该波形。

（3）包含多个波形前缘的复杂波形（Hwang et al.，2006），通常在冰盖和近岸海域出现，该波形可简单看成散射波形和镜面波形的组合。因此，镜面波形和散射波形是海洋回波波形的两类基本波形。

为了监测特定反射面（Peacock and Laxon，2004；Lee，2008），相关学者对波形分类进行了一定程度的探讨，常采用脉冲峰值（pulse peakiness，PP）区分散射波形和镜面波形，提取特定反射面产生的回波波形。例如，对于 ERS-1 卫星测高回波信号，脉冲峰值（Peacock and Laxon，2004）定义为

$$PP = \frac{31.5 \times P_{\max}}{\sum_{5}^{64} P(i)} \tag{3.36}$$

式中，$P_{\max}$ 表示回波波形最大采样值；$P(i)$ 表示第 i 个采样值。选取阈值 1.8（Peacock and Laxon，2004）进行回波信号的波形分类，当 PP>1.8 时，回波波形为镜面波形，反之为散射波形。

根据不同的分类标准，测高波形的形状又有不同的划分，如可分为海洋波形、似海洋波形、尖锥状波形、阶梯状波形、其他波形（不属于上述四种波形以外的波形）（王广运等，1995）（图 3.4）；还可按波形中峰值的个数分为单一斜面波形、双斜面波形、多子波波形等（Deng，2003）。

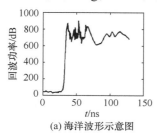

(a) 海洋波形示意图

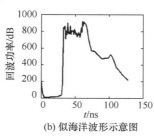

(b) 似海洋波形示意图

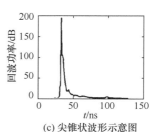

(c) 尖锥状波形示意图

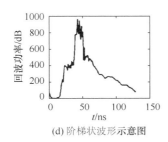 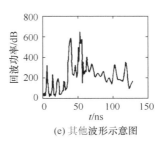

(d) 阶梯状波形示意图   (e) 其他波形示意图

图 3.4 波形形状示意图

3.3 波形重跟踪方法

波形重跟踪最初是基于冰盖表面高程计算提出的（Martin et al., 1983），是指当星载雷达高度计处于非纯海洋面，如冰面、海–冰、冰–海、陆–海、海–陆或者陆面时，高度计的回波波形会产生变形，导致观测距离不准确，此时就需要重新确定波形及距离阀门（跟踪点）的位置，即对高度计数据进行后处理以获取精确的距离观测值。因此，将此后处理过程称为波形重跟踪或波形重构，从而与星上实时跟踪相区别。图 3.5 为波形重跟踪距离改正示意图，由于波形受到反射面影响，星载跟踪点与实际波形前缘中点不符，两点间的差异即为波形重跟踪距离改正。

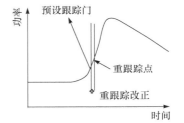

图 3.5 波形重跟踪距离改正示意图

在图 3.5 中，横坐标通常用距离门（可转换为时间或者距离）表示，假设星载雷达高度计跟踪门为 n_{tr}，而波形重跟踪解算的跟踪点门为 n_{ret}，同时设将距离门编号转换为距离（单位：m）的转换因子为 $G_{2\mathrm{m}}$，那么高度计波形的重跟踪距离改正 ΔR 为

$$\Delta R = G_{2\mathrm{m}}(n_{\mathrm{ret}} - n_{\mathrm{tr}}) \tag{3.37}$$

目前，主要的波形重跟踪方法有海洋波形重跟踪法、β 参数重跟踪法（5-β、9-β）、重力补偿中心重跟踪法、阈值重跟踪法、改进的阈值重跟踪法等。利用这些波形重跟踪方法可实现对波形数据前缘中点位置的重新确定，并比较其与预设阀门的位置，计算改正量。

3.3.1 海洋波形重跟踪法

对于海洋跟踪系统，一般使用 Brown（1977）提出的经典回波波形。海洋波形重跟踪法是采用加权最小二乘估计及 Levenberg-Marquardt 方法将所测波形拟合成理论回波功率波形模型，模型与时间关系的表达式根据 Hayne 模型（Hayne, 1980）导出。

考虑倾斜系数（λ_{s}：处理参数），并假设高斯点目标响应，那么波形可表示为

$$W_{\mathrm{m}}(t) = P_{\mathrm{n}} + a_{\xi}\frac{P_{\mathrm{u}}}{2}\mathrm{e}^{v}$$

$$\left\{[1+\mathrm{erf}(u)] + \frac{\lambda_{\mathrm{s}}}{6}\left(\frac{\sigma_{\mathrm{s}}}{\sigma_{\mathrm{c}}}\right)^3 \left\{[1+\mathrm{erf}(u)]c_{\xi}^3\sigma_{\mathrm{c}}^3 - \frac{\sqrt{2}}{\sqrt{\pi}}[2u^2 + 3\sqrt{2}c_{\xi}\sigma_{\mathrm{c}} + 3c_{\xi}^2\sigma_{\mathrm{c}}^2 - 1]\mathrm{e}^{-u^2}\right\}\right\} \tag{3.38}$$

与天线波束宽有关的参数

$$r = \frac{4}{\ln 4}\sin^2\frac{\theta_{\mathrm{w}}}{2} \approx \frac{\sin^2\theta_{\mathrm{w}}}{\ln 4}$$

误差函数

$$\mathrm{erf}(x) = \frac{2}{\sqrt{\pi}}\int_0^x \mathrm{e}^{-t^2}\mathrm{d}t$$

式中，λ_{s} 为倾斜系数；σ_{s} 为海面均方根波高（上升时间）；σ_{c} 为上升时间的组合值；P_{u} 为振幅；P_{n} 为噪声。其他中间变量 a_{ξ}、c_{ξ}、u、v 的表达式为

$$
\begin{aligned}
a_{\xi} &= \mathrm{e}^{\left(\frac{-4\sin^2\xi}{r}\right)} \\
b_{\xi} &= \cos(2\xi) - \frac{\sin^2(2\xi)}{r} \\
c_{\xi} &= b_{\xi}a \\
u &= \frac{t - \tau - c_{\xi}\sigma_{\mathrm{c}}^2}{\sqrt{2}\sigma_{\mathrm{c}}} \\
v &= c_{\xi}\left(t - \tau - \frac{c_{\xi}\sigma_{\mathrm{c}}^2}{2}\right) \\
a &= \frac{4c}{\gamma h\left(1 + \dfrac{h}{R_{\mathrm{e}}}\right)}
\end{aligned}
\qquad (3.39)
$$

式中，θ_{w} 为天线波束宽度；c 为真空中的光速；h 为卫星高度；R_{e} 为地球半径；ξ 为指向偏差。上升时间的组合值 $\sigma_{\mathrm{c}}^2 = \sigma_{\mathrm{s}}^2 + \sigma_{\mathrm{p}}^2$；平均海面的均方根波高 σ_{s} 与海面有效波高的关系为 $\sigma_{\mathrm{h}} = c \cdot \sigma_{\mathrm{s}}/2$。式（2.38）中估计参数如下：$\tau$ 为历元；σ_{c} 为组合 σ，与有效波高有关；P_{u} 为振幅，与后向散射系数（σ_0）有关；P_{n} 为热噪声（可从波形采样中剔除）。尽管海洋波形重跟踪法的最佳应用地面类型为海面，然而不管什么样的地面，都可使用该方法。

3.3.2　β 参数重跟踪法

β 参数重跟踪法是美国国家航空航天局的 Martin 等于 1983 提出的，该方法基于 Brown 平均脉冲反射模型，处理从一个反射面或两个反射面反射的复杂波形。该方法采用适当的参数函数对高度计波形进行拟合，可分为 5-β 参数法与 9-β 参数法，如图 3.6 所示。

β 参数重跟踪法需要有良好的初始值，可利用最小二乘平差或极大似然估计方法迭代计算求得。其中，5-β 参数法主要用于求解单峰值的波形[图 3.6（a）]。9-β 参数法可求解双斜面波形，但是如果波形呈现尖锥形状时，使用 β 参数重跟踪法将会使计算产生发散而无法得到计算结果；9-β 参数法可由 5-β 参数法延伸得到[（图 3.6（b）]。5-β

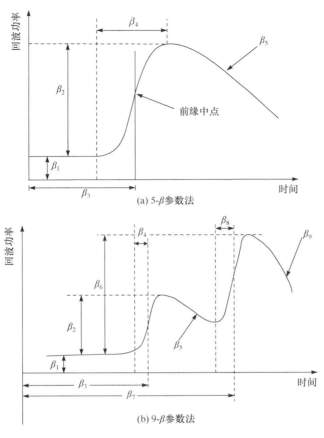

图 3.6 β 参数重跟踪法

参数法和 9-β 参数法均有一般参数的拟合函数和指数衰减形式参数的拟合函数。但如果波形呈现尖锥状时,使用 β 参数重跟踪法将导致计算迭代不收敛而无法得到计算结果。

1. 5-β 参数法

1) 5-β 参数法的线性形式

$$y(t) = \beta_1 + \beta_2(1 + \beta_5 Q)P\left(\frac{t - \beta_3}{\beta_4}\right) \qquad (3.40)$$

式中,

$$Q = \begin{cases} 0, & t < \beta_3 + 0.5\beta_4 \\ t - (\beta_3 + 0.5\beta_4), & t \geqslant \beta_3 + 0.5\beta_4 \end{cases}$$

$$P(x) = \int_{-\infty}^{x} \frac{1}{\sqrt{2\pi}} \exp\left(\frac{-q^2}{2}\right) \mathrm{d}q \qquad (3.41)$$

$$x = \frac{t - \beta_3}{\beta_4}$$

2）5-β 参数法的指数形式

$$y(t) = \beta_1 + \beta_2 \exp(-\beta_5 Q) P\left(\frac{t-\beta_3}{\beta_4}\right) \quad （3.42）$$

式中，

$$Q = \begin{cases} 0, & t < \beta_3 + k\beta_4 \\ t-(\beta_1 + k\beta_4), & t \geqslant \beta_3 + k\beta_4 \end{cases} \quad （3.43）$$

式中各参数的含义如下：

$y(t)$ 为 t 时刻的采样功率；β_1 为返回波形的热噪声（穿透深度、信号噪声）；β_2 为回波功率强度，由此可判断反射面种类；β_3 为前缘中点，为接收到的能量至最大振幅的一半，可与预设门差值计算得到距离改正量（表示为与高度计距离有关的时间延迟，定义为波形前缘位置，用来改正高度计的距离测量值）；β_4 为波形前缘斜率，提供星下点有效波高信息；β_5 为波形后缘斜率（与轨迹内的散射有关，与风速相关）；$P(x)$ 为误差函数；Q 为线性函数，模拟波形后缘逐渐衰减的回波，适用于海洋表面波形处理。

2. 9-β 参数法

1）9-β 参数法的一般参数形式

$$y(t) = \beta_1 + \beta_2(1+\beta_5 Q_1) P\left(\frac{t-\beta_3}{\beta_4}\right) + \beta_6(1+\beta_9 Q_2) P\left(\frac{t-\beta_7}{\beta_8}\right) \quad （3.44）$$

式中，

$$Q_1 = \begin{cases} 0, & t < \beta_3 + 0.5\beta_4 \\ t-(\beta_3 + 0.5\beta_4), & t \geqslant \beta_3 + 0.5\beta_4 \end{cases}$$
$$Q_2 = \begin{cases} 0, & t < \beta_7 + 0.5\beta_8 \\ t-(\beta_7 + 0.5\beta_8), & t \geqslant \beta_7 + 0.5\beta_8 \end{cases} \quad （3.45）$$

2）9-β 参数法的指数形式

$$y(t) = \beta_1 + \beta_2 \exp(-\beta_5 Q_1) P\left(\frac{t-\beta_3}{\beta_4}\right) + \beta_6 \exp(-\beta_9 Q_2) P\left(\frac{t-\beta_7}{\beta_8}\right) \quad （3.46）$$

式中，

$$Q_1 = \begin{cases} 0, & t < \beta_3 + k\beta_4 \\ t-(\beta_3 + k\beta_4), & t \geqslant \beta_3 + k\beta_4 \end{cases}$$
$$Q_2 = \begin{cases} 0, & t < \beta_7 + k\beta_8 \\ t-(\beta_7 + k\beta_8), & t \geqslant \beta_7 + k\beta_8 \end{cases} \quad （3.47）$$

k 为取权因子，可以根据不同的返回信号进行改变。

式中各参数的含义如下：

$y(t)$ 为第 t 个采样功率；β_1 为返回波形的热噪声；β_2、β_6 为回波功率强度；β_3、β_7 为前缘中点，可与预设门差值计算得到距离改正量；β_4、β_8 为波形前缘斜率，为接收到的能量至最大振幅的一半；β_5、β_9 为波形后缘斜率；$P(x)$ 为误差函数；Q_i 为线性函数，模拟后缘逐渐衰减的回波。

3.3.3 重力补偿中心重跟踪法

Wingham 于 1986 年研究了重力补偿中心重跟踪法（图 3.7）。重力补偿中心重跟踪法的目的是实现对波形进行稳健跟踪，其基本思想是通过数值统计方式计算出波形振幅 A、宽度 W 以及每个返回波形的重心（center of gravity，COG）。为了降低热噪声对波形的影响，Deng 在 2004 年对重力补偿中心重跟踪法进行了改进。

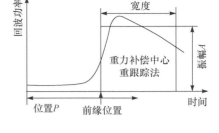

图 3.7　重力补偿中心重跟踪法示意图

重力补偿中心重跟踪法改进算法的数学公式如下：

$$A = \sqrt{\dfrac{\sum\limits_{i=1+n_a}^{64-n_a} P_i^4(t)}{\sum\limits_{i=1+n_a}^{64-n_a} P_i^2(t)}}$$

$$W = \dfrac{\left(\sum\limits_{i=1+n_a}^{64-n_a} P_i^2(t)\right)^2}{\sum\limits_{i=1+n_a}^{64-n_a} P_i^4(t)}$$

$$\text{COG} = \dfrac{\sum\limits_{i=1+n_a}^{64-n_a} i P_i^2(t)}{\sum\limits_{i=1+n_a}^{64-n_a} P_i^2(t)}$$

$$\text{LEG} = \text{COG} - \dfrac{W}{2}$$

（3.48）

式中，n_a 为波形开始和结束时应剔除的偏差波形个数；$P_i(t)$ 为波形的第 i 个阀门的功率值；A 为振幅；W 为宽度；COG 为波形的重心；LEP 为前缘中点（leading edge position）。

利用重力补偿中心重跟踪法计算得到的前缘中点，可直接用于改正海面波高，也可当成 β 参数重跟踪法的初始值，但是使用重力补偿中心重跟踪法得到的海水面高起伏较大，精度也较低，所以重力补偿中心重跟踪法主要用来为其他算法求定初始值。

重力补偿中心重跟踪法是基于统计规律得到的简单波形重跟踪方法，计算方便，但与反射表面的物理意义无关，通常用作计算 β 参数重跟踪法的参数初始值。重力补偿中心重跟踪法使用全部的波形数据，而波形受到表面异常和偏离星下点的影响，因此重力补偿中心重跟踪法受波形影响较大，重跟踪结果精度较差。当波形前缘斜率较小时，重力补偿中心重跟踪法不能精确地确定出波形的前缘中点，因此重力补偿中心重跟踪法可能会给出错误的计算结果。

3.3.4 阈值重跟踪法

阈值重跟踪法是 Davis 于 1997 年提出的，并以重力补偿中心重跟踪法作为计算基础的方法。阈值重跟踪法为传统计算法，物理意义不明显，但具有重力补偿中心重跟踪法的优点，且比重力补偿中心重跟踪法确定的跟踪门位置更精确。阈值重跟踪法利用重力补偿中心重跟踪法计算的矩形，根据振幅、最大波形采样等给出门限值，再与前缘陡峭部分相交门限的几个临近采样值之间进行线性内插，以确定重定点。阈值重跟踪法通常将重力补偿中心重跟踪法确定的矩形振幅的 25%、50% 或 70% 作为阈值或波形样本的最大值。将不同门限值乘上振幅得到一个门值，利用该值与前缘内插可以求得门：

$$P_N = \frac{\sum_{i=1}^{5} P_i}{5}$$
$$T_1 = (A - P_N) \cdot T_h + P_N \qquad (3.49)$$
$$G_r = G_k - 1 + \frac{T_l - P_{k-1}}{P_k - P_{k-1}}$$

式中，P_i、P_k 为第 i 个、第 k 个门的门值；A 为振幅；P_N 为波形前 5 个门的门值平均；T_h 为门限值；G_k 为第 k 个门值大于 T_1 的门；G_r 为前缘中点；N 为阀门的总个数。

如遇到 P_k 与 P_{k-1} 的门值相同时，则 k 以 $k+1$ 代入。阈值重跟踪法比较适合单一斜面的波形，如果为双斜面波形，其计算得到的前缘中点通常以第一个门值 T_1 为主，计算结果不准确；若双斜面波形以阈值重跟踪法计算，通常无法得到该斜面预设门槛值。对于门限值的选取，应根据实际情况进行。对于海洋区域，门限值取 20% 时，在正常状态下可获得真实的海面波高；当回波波形受到反射面散射的影响较大时应采用 50% 的门限值。上述方法主要是对深海区域的回波波形进行波形重定，然而在内陆湖泊、近海区域和南极冰雪覆盖区域，这些波形重定方法并不十分有效。

3.4 数 据 概 况

3.4.1 星载雷达高度计数据格式

卫星测高收集了全球非常密集的观测数据，其存储管理对数据的使用具有非常重要的意义。根据卫星测高的重复周期特性，一般测高数据按 pass 存储，每个 pass 存储一个文件，这种存储方式便于测高数据后续的管理和使用。通常，每个弧段文件存储时，除了存储数据本身之外，还需存储该弧段相关的信息，如弧段文件名、数据处理软件及版本、处理机构、文件生成时间、数据获取站点、数据的起止时间、起止经纬度、过赤道经度、数据总记录数、有效记录数等。

1. 二进制格式

大部分测高数据均按照二进制格式进行存储，首先将数据文件的基本信息用文本方式存储在文件的其他部分，然后将测高数据按照二进制格式进行存储。例如，Geosat、

ERS-1/2、T/P、GFO、Jason-1、ENVISAT 等测高卫星均采用二进制格式进行数据存储。

2. NetCDF 格式

网络普通数据格式（network common data format，NetCDF）是一种在气象、海洋科学中广泛使用的数据存储格式，在星载雷达高度计的数据存储中，从 Jason-2 开始以 NetCDF 格式为主。

NetCDF 存储的数据可以视为一个多自变量的单值函数，用公式可表示为 $f(\cdot) = value$，函数的自变量 x、y、z 等在 NetCDF 中称为维（dimension）或坐标轴（axis），函数值 value 在 NetCDF 中称为变量（variables）。自变量和函数值在物理学上的一些性质在 NetCDF 中称为属性（attributes）。

数据中的维可表示为具有物理含义的变量，如时间、经纬度、采样数等。同时，维还可以作为索引，如波形数据就有 1Hz 与 20Hz 两种不同观测的基本数据。

变量是用来存储数据的，可以有附带的属性。一个变量是一个类型相同的数组，一个纯量值将被看作一个零维数组。当创建一个变量后，每个变量都有一个名字、一种数据类型，且可以通过指定的维数描述一个形状。在变量创建后，变量的属性可以增加、删除或改变。

NetCDF 中的坐标变量是指名称相同且具有维度的变量。坐标变量通常定义为与维大小相对应的物理坐标。对于每一个维，都要申明一个坐标变量。此外，在坐标变量中不能没有值，且这些值必须是严格单调递增或递减的。

在 NetCDF 中，还有一种包含坐标数据的辅助坐标变量，但这种辅助坐标变量不同于上述定义的坐标变量，其变量和变量名与数据中的维没有关系。

3.4.2 星载雷达高度计数据产品

1. 星载雷达高度计数据等级

星载雷达高度计的产品数据是分级的，一般可分为三级：

（1）0 级产品，即原始数据（raw data），是没有经过任何处理的从星上仪器直接传下来的数据。

（2）1b 级产品，即工程数据（engineering data），是经过仪器校正，被转换成工程单位的数据，每条数据为半轨数据（即两级之间的整段数据），主要包括过境时间（协调世界时，UTC）、地理位置、时间延迟、轨道高度、18 Hz 的平均波形采样、后向散射系数、全脉冲重复频率的单个波形和微波辐射亮温等。

（3）2 级产品，即地球物理参数产品（geophysical data），是经过波形重定后具有地球物理单位的数据，主要包括时间、地理位置、重跟踪后的距离、有效波高、风速等。所有的 2 级产品，包括近实时产品，都是由地面系统经过波形重跟踪处理后得到的数据。

2. 地球物理参数产品的类型和特点

以 ENVISAT/RA-2 为例，地球物理参数产品包括地球物理数据记录（geophysical data record，GDR）、FGDR（fast delivery GDR）、IGDR（interim GDR）、SGDR（sensor GDR）

四种全球性产品。其中，FDGDR 产品，即快速发布的 GDR，一般在 3h 内发布，主要应用于天气预报、实时海况和海洋环流，轨道精度优于 50cm。IGDR，即中间临时的 GDR 产品，在约 3 天后发布，主要应用于海洋环流的监测和预报，用更精确的分析取代原气象预报，轨道数据得到改进，精度约 10cm，比 FDGDR 精度高，但时间稍长（3 天）。GDR 和 SGDR 是最终产品，30～50 天内发布，包含精密的仪器改正和轨道改正，轨道精度达 3cm，可直接用于获取地表的高程测量值。SGDR，即传感器 GDR 数据，包含 GDR 数据，并在 GDR 数据的基础上增加了波形数据。

3.4.3　星载雷达高度计数据编辑

星载雷达高度计在进行数据记录时会出现部分数据质量差的观测信息，因此为了提高测高的观测精度，需剔除精度低、质量差的观测信息，其中最关键的就是根据一定的数据删除规则进行低精度数据的删除。

通常情况下，高度计的数据编辑规则主要包括：参考标志位、陆地/海冰标志、每秒观测值个数、海平面高测值标准差、有效波高、有效波高标准差、卫星姿态角、干对流层改正、湿对流层改正、电离层改正、后向散射计改正、海洋潮汐改正、固体潮改正、极潮改正、逆气压改正等。可以从这些数据编辑规则中选择合适的规则剔除测高数据中低精度的观测值，相应卫星的数据编辑规则可在卫星数据官网中查阅。

3.5　距　离　估　计

在进行重跟踪得到星载雷达高度计到地面的斜距 R_{retrack} 之后，可根据下式进行距离估算：

$$H = H_{\text{alt}} - H_{\text{range}} - N_{\text{geoid}} \tag{3.50}$$

式中，H_{alt} 为高度计相对参考椭球体的高度；N_{geoid} 为大地水准面与参考椭球体之间的高度差；H_{range} 根据下式计算：

$$H_{\text{range}} = \frac{c}{2}\text{WD} + R_{\text{retrack}} + H_{\text{geo}} \tag{3.51}$$

式中，c 为真空中的光速；WD 为往返时间；H_{geo} 为测高误差改正，包括大气折射改正、潮汐改正、海况偏差改正等。

3.6　本　章　小　结

本章首先介绍了星载雷达高度计数据处理的关键技术，包括回波模型、回波波形分析和当前国内外广泛使用的波形重跟踪法，如海洋波形重跟踪法、β 参数重跟踪法、重力补偿中心重跟踪法、阈值重跟踪法等。其次介绍了星载雷达高度计数据概况，包括数据格式、数据产品、数据类型等，最后介绍了星载雷达高度计距离估计方法。

参 考 文 献

王广运, 王海瑛, 许国昌. 1995. 卫星测高原理. 北京: 科学出版社.

Brown G S. 1977. The average impulse response of a rough surface and its application. IEEE Transactions on Antennas and Propagation, 25(1): 67-74.

Davis C H. 1997. A robust threshold retracking algorithm for measuring ice-sheet surface elevation change from satellite radar altimeters: remote sensing for a sustainable future. IEEE Transactions on Geoscience & Remote Sensing, 35(4): 974-979.

Deng X L. 2003. Improvement of Geodetic Parameter Estimation in Coastal Regions from Satellite Radar Altimetry. Perth: Curtin Technical University.

Hayne G S. 1980. Radar altimeter mean return waveforms from near-nominal-incidence ocean surface scattering. IEEE Transactions on Antennas and Propagation, 28: 687-692.

Hwang C, Guo J, Deng X L, et al. 2006. Coastal gravity anomalies from retracked Geosat/GM altimetry: improvement, limitation and the role of airborne gravity data. Journal of Geodesy, 80: 204-216.

Laxon S. 1994. Sea ice altimeter processing scheme at the EODC. International Journal of Remote Sensing, 15: 915-924.

Lee H K. 2008. Radar Altimetry Methods for Solid Earth Geodynamics Studies. Columbus: Ohio State University.

Martin Th V, Zwally H J, Brenner A C, et al. 1983. Analysis and retracking of continental ice sheet radar altimeter waveforms. Journal of Geophysical Research Oceans, 88: 1608-1616.

Peacock N R, Laxon S. 2004. Sea surface height determination in the Arctic Ocean from ERS altimetry. Journal of Geophysical Research, 109(C7): 1-14.

Wingham D J, Rapley C G. 1986. New techniques in satellite altimeter tracking systems. Proceedings of IGARSS'86, ESA SP, 254(Ⅲ): 1339-1344.

第4章 星载雷达高度计内陆湖泊水位监测

4.1 星载雷达高度计监测青藏高原湖泊水位变化

4.1.1 概述

青藏高原是全球气候变化研究的敏感区域（Wu et al., 2007），拥有全球最大的高原湖泊群。2014年，青藏高原上面积大于 1km² 的湖泊数量超过 1171 个（Wan et al., 2015）。由于受人类活动影响较小，该地区湖泊的水位变化主要受降水和气温等自然因素驱动，是研究区域气候和生态环境变化的重要指标（张国庆，2018）。青藏高原也被称作地球"第三极"（Yao et al., 2012），是许多大河的源头，保障着中国西部及周边地区数十亿人的生存与发展（Pritchard and Hamish, 2017）。由于自然条件恶劣，该地区仅青海湖、纳木错和羊卓雍错有长期连续的实测水位（张国庆，2018），难以满足研究的需要，因此卫星测高技术成为监测该地区湖泊水位变化的最重要手段。

Zhang 等（2011a）使用 ICESat-1 监测到 111 个青藏高原湖泊 2003～2009 年的水位变化。Phan 等（2012）和 Song 等（2014）分别使用 ICESat-1 数据监测到 154 个和 105 个青藏高原湖泊的水位变化，并分析了其与气候变化间的关系。Gao 等（2013）融合 ENVISAT、Jason-1、Jason-2 和 Cryosat-2 数据获取到 51 个青藏高原湖泊 2002～2012 年的水位变化，并分析了多年冻土对这种变化的影响。Hwang 等（2016）利用 T/P 系列数据监测了 23 个青藏高原湖泊 1993～2014 年的水位变化，其中 13 个湖泊的面积小于 100km²，最小的青蛙湖面积仅约 25km²。此外，部分学者还专门对青藏高原上的个别湖泊（如青海湖、纳木错和扎日南木错等）进行了长时序的水位变化监测（赵云等，2017；Kropáček et al., 2012；Wu et al., 2014；张鑫等，2015；Song et al., 2015；Liao et al., 2014；姜卫平等，2008）。

4.1.2 研究区概况

青藏高原是中国最大、世界海拔最高的高原，主要位于我国西南边陲，约占我国国土总面积的27%（张镱锂等，2002），包括西藏和青海全部、四川西部、新疆南部，以及甘肃、云南的一部分。整个青藏高原还包括不丹、尼泊尔、印度、巴基斯坦、阿富汗、塔吉克斯坦、吉尔吉斯斯坦的一部分。整个高原西起帕米尔高原和喀喇昆仑山，东至玉龙雪山及岷山，南起喜马拉雅山南麓，北至昆仑山、祁连山北缘。青藏高原平均海拔超过 4000m，是众多世界大江河的发源地，如黄河、长江、恒河和雅鲁藏布江等，号称"世界屋脊"和"亚洲水塔"（Pritchard and Hamish, 2017），也被称为地球"第三极"（Qiu, 2008；Yao et al., 2012）。该地区拥有世界上海拔最高、数量最多、面积最大的高原湖泊群，约占全国湖泊总面积的 49.5%（王苏民和窦鸿身，1998）。青藏高原一直以来都是全球气候变化响应最为敏感的区域之一（张国庆，2018），该地区的湖泊极少受到人类活动的影响，因此一直是全球气候变化研究的重要对象（Song et al.，2014；Crétaux et al.，2016）。

4.1.3 使用的数据源及数据处理方法

1. 使用的数据源

使用的星载雷达高度计数据有 2002～2012 年的 ENVISAT/RA-2、Cryosat-2/SIRAL、Jason-1 和 Jason-2 的二级 GDR 数据集，以及 2010 年 7 月至 2018 年 7 月的 Cryosat-2 SARIn Baseline-C 的 L1b 和 L2 两种数据产品。同时，使用与高度计数据对应的 Landsat 影像提取湖泊边界，使用青海湖下社水文站 2001 年 5 月至 2012 年 12 月的夏季无冰期实测水位数据验证水位提取精度。

此外，还收集了 Hydroweb 数据库提供的湖泊水位数据，用于与提取的水位进行对比。Hydroweb 数据库是由法国和俄罗斯共建的一个可提供全球湖泊水位产品的数据中心（http://www.LEGOS.obs-mip.fr/soa/hydrologie/HYDROWEB）（Crétaux et al.，2011），可提供全球约 150 个湖泊和水库的水位数据，这些水位基于 6 种测高数据（T/P、GFO、ERS-2、Jason-1、Jason-2 和 ENVISAT）生成。

2. 数据处理方法

本小节主要介绍基于 2002～2012 年的 ENVISAT/RA-2、Cryosat-2/SIRAL、Jason-1 和 Jason-2 多源高度计二级 GDR 数据集提取青藏高原湖泊水位的数据处理方法，包括湖泊单天水位提取和湖泊水位时间序列估计。基于 Cryosat-2 SARIn 数据的处理方法将在第 6 章中详述。

1）湖泊单天水位提取

对于每种高度计数据集，首先要提取其湖泊单天水位。湖泊水位对应于水面与大地水准面之间的距离，需要从各高度计二级 GDR 数据集中提取相关参数计算得到。由于各高度计提取湖泊水位的过程相似，下面以 ENVISAT/RA-2 数据集的处理为例进行说明。

提取过程如下：①使用 Landsat 影像选取完全落入湖面的足迹。②提取各足迹对应的 GDR 参数，包括卫星高度（Altitude）、卫星到地面点的距离（Range）、Range 的各项改正参数、大地水准面（Geoid）等。③每个足迹中，Range 都有 20 个 18Hz 的测量值，先用目视移除明显的异常测量值，然后剔除 1 倍中误差范围外的观测值，对剩余观测值取其均值，得到 1Hz 的 Range 测量值。④对每个足迹的 1Hz Range 测量值进行各项物理改正，主要改正项有干对流层、湿对流层、电离层、固体潮、极移、逆气压等。⑤提取每个足迹 1Hz 的水位，水位=Altitude−Corrected_Range−Geoid。ENVISAT 卫星采用的是 WGS84/EGM96 参考系统。⑥对落入湖面的所有足迹的 1Hz 水位求均值，生成湖泊的单天水位。

Cryosat-2/SIRAL 测高数据处理过程与 ENVISAT/RA-2 的处理类似，但 Cryosat-2/SIRAL

的 GDR 数据集中直接提供了足迹的大地高，并且已进行了各项地球物理改正，而足迹大地高 Geodetic_height=Altitude–Corrected_Range，因此 ENVISAT 数据集处理过程的第 2~4 步可以省略，直接提取 GDR 数据集中每个足迹的大地高（Geodetic_height）和大地水准面（Geoid），那么每个足迹 1Hz 的水位= Geodetic_height–Geoid，大地水准面模型同样采用了 WGS84/EGM96 参考系统，其他步骤相同。

Jason-1/2 数据集处理过程与 ENVISAT/RA-2 数据集完全类似，但 Jason 卫星所用的 T/P 椭球与其他卫星所用的 WGS84 椭球不一致，因此有必要进行椭球的转换，即 T/P 椭球转换到 WGS84 椭球。试验证明，T/P 椭球与 WGS84 椭球点位水平位置的变化可以忽略，但两者之间的椭球高相差 0.71m（Bhang et al.，2007；NSIDC，2012），因此其 1Hz 的水位=Altitude–Corrected_Range–Geoid–0.71。

Guo 等（2010）指出，同颗卫星不同周期间重复测量的轨道位置并不完全相同，且不同卫星会有不同的地面轨道，因此有必要根据湖区大地水准面起伏差将水位约化到同一参考点上。Zhang 等（2011b）使用 ICESat 激光测高数据，比较了青藏高原最大湖泊青海湖的 3 组不同轨道、不同周期的平均高程，发现每个轨道的平均高程均能有效、精确地反映卫星过境湖泊时的实际水位。原因可能是青藏高原的湖泊面积一般不大，湖区大地水准面起伏差也不大，在水位提取过程中可忽略大地水准面起伏差和卫星轨道对水位的影响。

2）湖泊水位时间序列估计

为了对湖泊消涨有整体认知，必须了解长年的水位趋势变化，受仪器、天气或地面环境的影响，高度计数据集中的各参数本身可能存在异常值，从而使得提取的单天水位出现异常。抗差估计理论（杨元喜，2006）能对单天水位异常值进行正确识别，并从水位时间序列中分辨出异常值。因此，考虑到季节变化的影响，建立如式（4.1）所示的水位变化误差方程：

$$h(t_i) = a + bt_i + c\sin(2\pi t_i) + d\cos(2\pi t_i) + e\sin(4\pi t_i) + f\cos(4\pi t_i) + v_i \quad (4.1)$$

式中，t_i（$i=1,2,\cdots,N$）是以年为单位的时间；a 为序列的常数项；b 为线性水位变化速率；c、d、e、f 分别为年周期和半年周期项的系数；v_i 为随机误差。其抗差估计解为

$$\hat{X} = (A^{\mathrm{T}}\overline{P}A)^{-1}A^{\mathrm{T}}\overline{P}L \quad (4.2)$$

式中，$\hat{X}=[a,b,c,d,e,f]^{\mathrm{T}}$ 为待求参数；A 为法方程系数矩阵；$\overline{P}$ 为水位序列中各点的等价权；L 为法方差常数矩阵。

对参数的求解需要多次迭代，如式（4.3）所示。

$$\begin{cases} \hat{X}^{k+1} = (A^{\mathrm{T}}\overline{P}^k A)^{-1}A^{\mathrm{T}}\overline{P}^k L \\ \overline{P}_i^{k+1} = P_i \dfrac{\psi(v_i^k)}{v_i^k} \\ V^k = A\hat{X}^k - L \end{cases} \quad (4.3)$$

式中，ψ 为随机误差 v_i 的函数；$\dfrac{\psi(v_i^k)}{v_i} = w_i$ 为权因子；$\overline{P}_i = P_i w_i$ 为等价元素；k 为迭代次数；v_i^k 为第 k 步迭代值的残差分量。

在迭代过程中 $\overline{P}$ 可使用 IGG3 权函数，如式（4.4）所示。

$$\overline{P_i} = \begin{cases} p_i, & \left|\dfrac{v_i}{\sigma_{v_i}}\right| \leqslant k_0 \\[3mm] \dfrac{p_i k_0}{\left|\dfrac{v_i}{\sigma_{v_i}}\right|}, & k_0 < \left|\dfrac{v_i}{\sigma_{v_i}}\right| \leqslant k_1 \\[3mm] 0, & \left|\dfrac{v_i}{\sigma_{v_i}}\right| > k_1 \end{cases} \tag{4.4}$$

式中，σ_{v_i} 为随机误差 v_i 的方差因子；k_0 为 1.0～1.5；k_1 为 3.0～6.0（杨元喜，2006）。

通过多次迭代后所求参数收敛，水位时间序列中各点的等价权被重定义，当点位的等价权为零时，它所对应的湖泊水位被认为是异常值，应当被剔除。

不同高度计水位时间序列虽然已经改正到相同的参考基准 WGS84/EGM96 系统，但受运行轨道、重访周期等系统因素的影响，各水位时间序列间还存在高程系统偏差，因此获取的水位时间序列除要剔除水位异常值外，还有必要消除其高程系统差。根据水位时间序列的趋势和不同序列间的高程差，可将湖泊水位时间序列分成几组。考虑到 ENVISAT/RA-2 数据的高质量和更长的时间跨度，包含 ENVISAT/RA-2 数据的组可被当作基准组，其他组的水位时间序列通过减去与基准组之间的高程系统差进行调整，这是不同高度计获取相符水位的一种有效方法（Lee et al.，2011；Kropáček et al.，2011）。具体可根据式（4.5）进行系统偏差改正：

$$\text{Class2}_{\text{cor}}(t_i) = \text{Class2}_{\text{ini}}(t_i) + \left(\overline{\text{Class1}_{\text{ts}}} - \overline{\text{Class2}_{\text{ts}}}\right) \tag{4.5}$$

式中，$\overline{\text{Class1}_{\text{ts}}}$ 是包含 ENVISAT/RA-2 数据的水位时间序列均值；$\overline{\text{Class2}_{\text{ts}}}$ 是与 $\overline{\text{Class1}_{\text{ts}}}$ 处于相同时段内但不包含 ENVISAT/RA-2 数据的水位时间序列均值。$\text{Class2}_{\text{ini}}(t_i)$ 和 $\text{Class2}_{\text{cor}}(t_i)$ 是 t_i 时刻各组水位时间序列中改正前后的水位。$\overline{\text{Class2}_{\text{ts}}}$ 与 $\overline{\text{Class1}_{\text{ts}}}$ 之间的差值是两组之间的高程系统差。

为了同时消除各高度计水位时间序列中的粗差和它们之间的高程差，获得水位变化的长期趋势，需要进行以下 5 个步骤：①肉眼剔除每种高度计水位时间序列中明显离群的异常单天水位；②根据每种高度计水位时间序列趋势进行分组；③使用抗差最小二乘估计方法剔除各组数据中仍然存在的异常单天水位；④以其中包含 ENVISAT/RA-2 数据的一组水位时间序列为基准，对其他各组进行高程改正，消除各高度计水位时间时序间的高程系统差，得到包含多种高度计数据的水位时间序列；⑤运用抗差最小二乘估计方法对消除了高程差的整体时间序列剔除异常单天水位，得到最终的"干净"水位时间序列，并估计水位变化的长期趋势。

下面列举了使用上述算法和步骤消除异常水位与系统差的两个实例。

实例 1：有 ENVISAT、Cryosat-2 和 Jason-1 三种测高卫星过境青海湖，根据上述高度计数据集处理方法，青海湖水位时间序列处理过程及结果如图 4.1 所示。

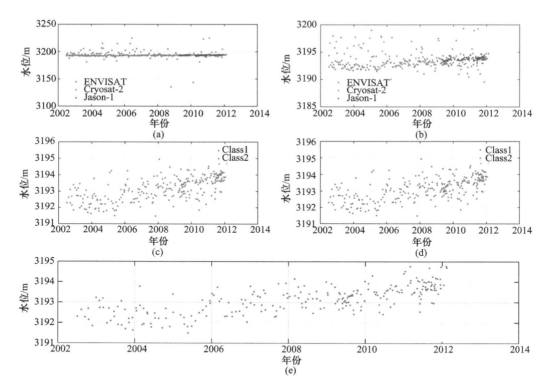

图 4.1 青海湖水位时间序列生成过程

（a）原始单天水位时间序列图；（b）肉眼剔除明显"离群"异常水位后的水位时间序列图；（c）分组后，使用抗差最小二乘估计方法剔除异常水位得到的各组时间序列图；（d）Class2 经过高程系统偏差改正后的时间序列图；（e）使用抗差最小二乘估计方法剔除整体上的异常水位，得到水位变化长期趋势和最终"干净"水位时间序列

　　根据图 4.1（b）和 4.1（c），ENVISAT 和 Cryosat-2 的水位时间序列之间的差异可以忽略，因此把 ENVISAT 与 Cryosat-2 水位时间序列看作 Class1 序列，而 Jason-1 与其他两种数据序列有细小的系统差异（约 0.2m），所以把 Jason-1 看作 Class2 序列。以包含 ENVISAT 数据的 Class1 序列作为基础，根据式（4.5）对 Class2 序列进行系统高程偏差改正，最终得到水位的变化趋势和包含 3 种高度计数据的"干净"水位时间序列，如图 4.1（e）所示。

　　实例 2：对于鄂陵湖，在此使用的 4 种测高卫星全部过境，其水位时间序列的处理过程与青海湖完全一致，但是其水位时间序列本身的特点与青海湖有明显差异（图 4.2）。

　　由图 4.2（a）和图 4.2（b）可知，不仅不同高度计水位时间序列之间存在系统高程偏差（如 ENVISAT 与 Jason-1 水位时间序列间的"分群"现象），即使同种高度计数据集有时也会存在高程偏差（如 Jason-1 数据集也出现了很明显的"分群"现象，Jason-2 序列类似）。按照 4 种数据集水位时间序列的趋势将全部水位时间序列分为三组：ENVISAT 序列为第一组（Class1），ENVISAT 序列之下的 Jason-1、Jason-2 与 Cryosat-2 序列为第二组（Class2），ENVISAT 序列之上的 Jason-1 和 Jason-2 为第三组（Class3）。因此，从鄂陵湖实例可以看出，即便是同一种高度计的数据也可能分派到不同的组别。

　　来自 Jason-1 和 Jason-2 的鄂陵湖水位具有从 4265m（Class 2）到 4315m（Class 3）的显著变化，Jason-1 和 Jason-2 的鄂陵湖水位之间的高程差较大，而 Class 1 和 Class 2

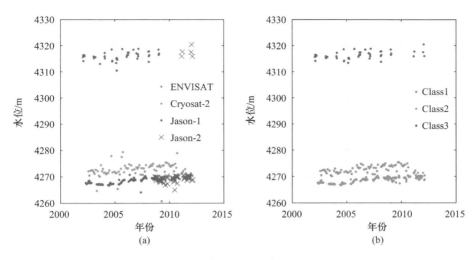

图 4.2 鄂陵湖水位时间序列生成过程

（a）"肉眼"剔除明显"离群"异常水位后的单天水位时间序列；（b）分组后，使用抗差最小二乘估计方法剔除异常水位后得到的各组水位时间序列，其他步骤在此省略

之间的高程差较小，因此可以认为 Class 3 的高程实际上并没有反映湖泊的实际水位（Phan et al.，2012），Class 3 的高程由于受到云雾的影响，实际表达的是陆地高程而不是湖泊水位。湖面的波动、湖冰上的积雪也可能对观测的湖泊水位造成影响。因此，Class 3 的水位应当看作异常值被剔除。

4.1.4 多源星载雷达高度计监测青藏高原湖泊水位变化

1. 青藏高原湖泊水位的整体变化

利用 ENVISAT/RA-2、Cryosat-2/SIRAL、Jason-1 和 Jason-2 等多源星载雷达高度计数据，共监测到青藏高原 51 个湖泊的水位变化（表 4.1 和表 4.2）。总体上，呈 0.201m/a 的上升趋势，其中 42 个湖泊（占 82.4%）水位呈 0.275m/a 的上升趋势，上升趋势最大的湖泊是达则错（0.726m/a），最小的湖泊是阿鲁错（0.001m/a）；9 个湖泊（占 17.6%）水位呈–0.144m/a 的下降趋势，下降最快是的羊卓雍错（–0.486m/a），最慢的是戈木茶卡（–0.029m/a）。

表 4.1 利用星载雷达高度计提取的青藏高原湖泊水位变化趋势

流域	序号	湖泊名称	纬度/°N	经度/°E	面积/km²	数据源	年平均		夏季		冬季	
							Rate/（m/a）	RMSE/（m/a）	Rate/（m/a）	RMSE/（m/a）	Rate/（m/a）	RMSE/（m/a）
羌塘高原流域	1	阿果错	30.9801	82.2320	66.518	①	–0.037	0.040	–0.010	0.046	–0.250	0.095
	2	阿鲁错	34.0106	82.3669	105.204	①	0.001	0.059	–0.011	0.065	0.065	0.089
	3	昂拉仁错	31.5404	83.1013	506.378	①	0.039	0.034	0.052	0.041	–0.002	0.025
	4	昂孜错	31.0223	87.1541	413.219	①②③④	0.214	0.028	0.241	0.033	0.087	0.024

続表

流域	序号	湖泊名称	纬度/°N	经度/°E	面积/km²	数据源	年平均 Rate/(m/a)	年平均 RMSE/(m/a)	夏季 Rate/(m/a)	夏季 RMSE/(m/a)	冬季 Rate/(m/a)	冬季 RMSE/(m/a)
	5	班公错	33.6060	79.7017	450.938	①	0.333	0.058	0.218	0.121	—	—
	6	赤布张湖	33.3781	90.0697	309.196	①②	0.057	0.080	0.400	0.062	0.148	0.126
	7	当惹雍错	31.0695	86.6091	829.065	①	0.292	0.016	0.292	0.019	0.327	0.043
	8	达则错	31.8958	87.5364	242.903	①②④	0.726	0.089	0.621	0.095	1.026	0.092
	9	洞错	32.1753	84.7059	87.075	①	0.349	0.142	0.078	0.132	0.783	0.251
	10	多格错仁	34.5883	88.9504	360.218	①	0.282	0.022	0.249	0.021	0.426	0.047
	11	多格错仁强错	35.3078	89.2608	206.940	①	0.508	0.053	0.567	0.072	0.577	0.070
	12	戈木茶卡	33.6761	85.8329	65.667	①	−0.029	0.060	−0.018	0.087	—	—
	13	果普错	31.8304	83.1678	61.286	①	0.565	0.199	0.190	0.113	—	—
	14	郭扎错	34.9989	81.1966	245.045	①	0.421	0.139	0.796	0.197	—	—
	15	黑石北湖	35.5639	82.7530	94.224	①	0.359	0.142	0.145	0.221	0.462	0.164
	16	姜拆错	32.1615	90.4408	24.165	①	0.151	0.110	—	—	—	—
	17	金西乌兰湖	35.2148	90.6042	342.110	①	0.152	0.194	—	—	—	—
	18	库赛湖	35.7388	92.8550	244.165	①	0.491	0.081	0.584	0.075	0.537	0.069
羌塘高原流域	19	拉雄错	34.3243	85.2731	59.499	①	0.675	0.081	—	—	—	—
	20	勒斜武担湖	35.7577	90.0411	225.222	①	0.614	0.084	0.713	0.122	0.682	0.175
	21	鲁玛江冬错	34.0260	81.6271	327.397	①	0.213	0.087	0.134	0.132	—	—
	22	玛旁雍错	30.6840	81.4713	413.971	①	−0.052	0.018	−0.105	0.035	−0.036	0.03368
	23	明镜湖	35.0678	90.5575	84.576	①	0.204	0.065	0.544	0.169	0.090	0.165
	24	纳木错	30.7176	90.6461	1929.298	①	0.181	0.023	0.198	0.034	0.220	0.009
	25	纳屋错	32.9410	82.0421	67.931	①	0.100	0.033	0.159	0.056	0.045	0.005
	26	帕龙错	30.9241	83.6213	141.557	①	0.113	0.057	—	—	—	—
	27	蓬错	30.9367	89.6754	137.078	①②	0.164	0.147	0.094	0.245	0.119	0.449
	28	怡规错	31.7128	88.0035	87.347	①	−0.058	0.034	−0.139	0.072	−0.039	0.055
	29	清澈湖	34.5055	81.7613	58.226	①	0.143	0.140	0.246	0.263	0.009	0.052
	30	日子配错	32.5829	86.2432	39.439	①	0.194	0.128	0.144	0.172	0.327	0.215
	31	赛布错	32.0221	88.2459	63.363	①	−0.149	0.182	−0.529	0.168	—	—
	32	色林错	31.7819	88.9758	1585.162	①②③	0.590	0.012	0.579	0.013	0.611	0.027
	33	托和平错	34.1709	83.1498	30.872	①	0.491	0.322	—	—	—	—
	34	窝尔巴错	34.5336	81.0360	89.841	①	−0.075	0.051	−0.093	0.051	0.023	0.012

流域	序号	湖泊名称	纬度/°N	经度/°E	面积/km²	数据源	年平均 Rate/（m/a）	年平均 RMSE/（m/a）	夏季 Rate/（m/a）	夏季 RMSE/（m/a）	冬季 Rate/（m/a）	冬季 RMSE/（m/a）
羌塘高原流域	35	乌兰乌拉湖	34.8098	90.4794	542.051	①	0.285	0.075	0.138	0.075	0.420	0.133
	36	吴如错	31.7172	88.0011	342.300	①	0.026	0.045	0.056	0.051	−0.011	0.019
	37	饮马湖	35.6024	90.6238	104.173	①	0.554	0.164	0.074	0.238	0.399	0.311
	38	扎日南木错	30.9279	85.6147	997.863	①②③④	0.048	0.030	0.0468	0.018	0.135	0.078
	39	兹格塘错	32.0746	90.8612	206.940	①②③④	0.133	0.072	−0.248	0.056	0.260	0.116
	40	拉昂错	30.6939	81.2338	268.499	②③④	−0.259	0.025	−0.294	0.034	−0.287	0.057
	41	多尔索洞湖	33.4072	89.8647	358.906	③	0.567	0.107	0.567	0.107	—	—
柴达木流域	42	达布逊湖	36.9916	95.1614	295.224	①	0.050	0.075	—	—	—	—
	43	青海湖	36.8896	100.1817	4453.101	①②③	0.161	0.008	0.164	0.012	0.169	0.009
	44	苏千湖	38.8909	93.8819	104.584	①	0.109	0.038	0.327	0.087	0.092	0.059
	45	托索湖	35.2967	98.5515	231.938	①	0.182	0.061	0.162	0.084	0.305	0.062
	46	托索诺尔	37.1362	96.9334	162.203	①	0.119	0.047	0.191	0.064	−0.070	0.073
长江流域	47	莽错	34.4956	80.4437	19.018	①②	0.218	0.046	0.328	0.055	0.037	0.112
	48	尺埃错	32.8876	92.0663	7.869	①②	−0.149	0.142	—		−0.207	0.100
黄河流域	49	鄂陵湖	34.9018	97.7024	612.012	①③④	0.297	0.014	0.325	0.015	0.257	0.020
河西走廊阿拉善流域	50	哈拉湖	38.2943	97.5873	599.264	①	0.184	0.022	0.272	0.032	0.295	0.069
雅鲁藏布江流域	51	羊卓雍错	28.9515	90.7133	626.635	①	−0.486	0.093	−0.624	0.093	−0.556	0.061

注：①ENVISAT/RA-2；②Cryosat-2/SIRAL；③Jason-1/Poseidon-2；④Jason-2/Poseidon-3；—表示数据太少，无法计算；Rate 表示变化率，RMSE 表示均方根误差

表 4.2　青藏高原湖泊水位趋势统计（整年）

湖泊所属流域	长期线性趋势	湖泊数量/个	最大值/（m/a）	最小值/（m/a）	均值/（m/a）
青藏高原湖泊总体情况	上升	42	0.726（达则错）	0.001（阿鲁错）	0.275
	下降	9	−0.029（戈木茶卡）	−0.486（羊卓雍错）	−0.144
	总和	51	1.015（哈拉湖）	−0.486（羊卓雍错）	0.218

湖泊所属流域	长期线性趋势	湖泊数量/个	最大值/（m/a）	最小值/（m/a）	均值/（m/a）
羌塘高原流域	上升	34	0.726（达则错）	0.001（阿鲁错）	0.301
	下降	7	−0.029（戈木茶卡）	−0.259（拉昂错）	−0.094
	总和	41	0.726（达则错）	−0.259（拉昂错）	0.234
柴达木流域	上升	5	0.182（托索湖）	0.050（达布逊湖）	0.128
长江流域	上升	1		0.218（莽错）	
	下降	1		−0.149（尺埃错）	
	总和	2	0.218	−0.149	0.035
黄河流域	上升	1		0.297（鄂陵湖）	
河西走廊阿拉善流域	上升	1		0.184（哈拉湖）	
雅鲁藏布江流域	下降	1		−0.486（羊卓雍错）	

考虑到大江大河的属性，依据独立的汇流关系、人口和径流深度空间分布状况，在流域结构分析的基础上将青藏高原划分为 11 个流域（Zhang et al.，2010），监测的 51 个湖泊分属 11 个流域中的 6 个流域，其中有 41 个湖泊（占 80.4%）位于羌塘高原流域，5 个湖泊（占 9.8%）位于柴达木流域，2 个湖泊（占 3.9%）位于长江流域，黄河流域、河西走廊阿拉善流域和雅鲁藏布江流域各有 1 个湖泊（共占 5.9%），表 4.1 统计了各个流域内的湖泊水位变化情况。将整个青藏高原分成北部、中部和南部 3 个区域，其中北部主要包括柴达木流域和河西走廊阿拉善流域，中部主要包括羌塘高原流域、长江流域和黄河流域，南部主要包括雅鲁藏布江流域。

为了比较高原各部的湖泊水位变化，选取 2002～2012 年湖泊的单天水位组成水位时间序列，并与序列开始时刻的湖泊水位相减，得到不同湖泊的水位变化，发现各湖泊水位具有很明显的年际变化。

青藏高原北部：柴达木流域，分布着 5 个面积较大的湖泊，它们均呈上升趋势，其中托索湖上升速率最大，为 0.182m/a，达布逊湖上升速率最小，为 0.050m/a，平均为 0.128m/a。青海湖是我国面积最大的内陆咸水湖，估计的趋势精度也最高（表 4.1）。河西走廊阿拉善流域的哈拉湖是该流域内唯一的湖泊，水位呈上升趋势（0.184m/a），与 Zhang 等（2011a）和 Phan 等（2012）的结果（0.160m/a 和 0.158m/a）相一致。

青藏高原南部：雅鲁藏布江流域的羊卓雍错是该区监测的唯一湖泊，也是监测的 51 个湖泊中下降趋势最大的湖泊（−0.486m/a），与 Zhang 等（2011a）和 Phan 等（2012）的结果（−0.400m/a 和−0.380m/a）一致，其不但水位下降迅速，面积也呈现快速收缩状态（Bian et al.，2010；Zhang et al.，2011a；Ye et al.，2007）。同时，发现位于羌塘高原西南部靠近喜马拉雅山附近的 3 个湖泊玛旁雍错、拉昂错和阿果错水位也呈下降趋势。因此，青藏高原南部具有湖泊水位下降的特点。

青藏高原中部：羌塘高原流域中监测的湖泊数量最多，其中 34 个湖泊呈 0.301m/a 的上升趋势，上升速率最大的为达则错（0.726m/a），也是监测的 51 个湖泊中水位上升速率最大的湖泊，上升速率最小的为阿鲁错（0.001m/a）。纳木错和色林错是该地区面积最大的两个湖泊，纳木错平均上升速率为 0.181m/a，色林错平均上升速率为 0.590m/a；赛布错、窝尔巴错、恰规错和戈木茶卡 4 个湖泊呈平均 0.078m/a 的下降趋势。长江流域监测的湖泊很少，只有莽错和尺埃错两个湖泊，其中莽错上升速率为 0.218m/a，尺埃错下降速率为 0.149m/a。黄河流域监测到的唯一湖泊为鄂陵湖，水位呈上升趋势（0.297m/a）。因此，整个中部区域，大部分湖泊水位呈上升趋势，小部分湖泊呈下降趋势。同时由表 4.1 还可发现，呈上升趋势的湖泊面积比呈下降趋势的湖泊面积大得多。

因此，尽管监测到的湖泊数量有限，但青藏高原湖泊呈现南部水位下降，北部水位上升，中部大部分湖泊水位上升、小部分湖泊水位下降的趋势，与 Landsat 影像获取的湖泊面积的变化一致（Liao et al.，2013）。

对估算的青藏高原各湖泊水位时间序列精度均方根误差进行统计（表 4.3）得出，51 个湖泊的水位时间序列精度为 0.008～0.322m，均值为 0.080m，精度最高的是青海湖，最低的是托和平错；上升趋势的精度与下降趋势的精度基本一致，分别为 0.088m 和 0.072m，个别湖泊水位时间序列的均方根误差超过 30cm（如托和平错）。较大的均方根误差表明湖泊水位变化的输入数据与模型不完全相符，在使用抗差最小二乘估计方法估计水位变化趋势时，仅仅考虑了周年和半年的水位周期变化[如式（4.1）]，而湖泊水位还可能有更长周期的变化特征存在，它们只有通过对湖泊水位时间序列进行精细的频谱分析才能得到。

表 4.3 湖泊水位时间序列精度均方根误差统计

时间序列趋势	湖泊数量/个	最大值/m	最小值/m	均值/m
上升	42	0.322（托和平错）	0.008（青海湖）	0.088
下降	9	0.182（赛布错）	0.018（玛旁雍错）	0.072
总和	51	0.322（托和平错）	0.008（青海湖）	0.080

青藏高原地区受到夏季和冬季两个季节的影响，湖面分为夏季无冰期和冬季结冰期，为了更好地分析湖泊的长期变化，在此除了求取全年的趋势外，还分别求取了夏季和冬季的趋势（表 4.1）。其中，大部分湖泊夏季和冬季的水位趋势与全年趋势是一致的，但有个别湖泊出现了相反的趋势，如羌塘高原流域的阿鲁错（夏季相反）、昂拉仁错（冬季相反）、窝尔巴错（夏季相反）、吴如错（冬季相反）、兹格塘错（夏季相反）和柴达木流域的托索诺尔（冬季相反）。

2. 监测精度验证

对比多源星载雷达高度计提取的青海湖水位数据与青海湖的实测水位数据及 Hydroweb 数据库提供的青海湖水位数据可以得出，青海湖实测水位的变化趋势为 0.106m/a，多源星载雷达高度计提取的青海湖水位变化趋势为 0.161m/a（图 4.3），Hydroweb 数据库提供的青海湖 2003～2009 年的年平均水位变化趋势为 0.123m/a（Phan et al., 2012），三者的水位变化速率相符，且多源星载雷达高度计提取的湖泊水位与水文站提取的湖泊水位有很好的一致性，两者具有强相关性，相关系数为 0.76（图 4.4）。经计算，多源星载雷达高度计数据提取的水位时间序列与水文站提取的水位时间序列的高程差绝对值的均值为 0.378m，表明多源星载雷达高度计监测内陆湖泊水位变化的精度可达到分米量级。造成高程偏差的主要原因是各卫星数据处理中心采用波形重跟踪方法解算的 GDR 数据集中的距离参数不够精确，其次是添加到距离的改正参数存在偏差。

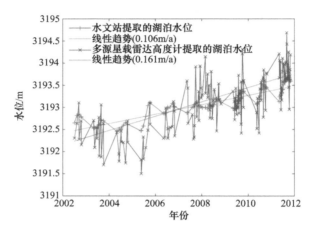

图 4.3　青海湖不同水位数据的比较

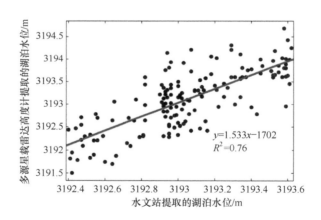

图 4.4　多源星载雷达高度计提取的湖泊水位与水文站提取的湖泊水位的比较

4.1.5　小结

本节使用 2002～2012 年的 ENVISAT、Cryosat-2、Jason-1 和 Jason-2 四种雷达卫星测高数据，监测了整个青藏高原 51 个湖泊的水位变化。总体上，51 个湖泊的水位呈0.218m/a 的上升趋势，但其中 42 个湖泊的水位呈 0.275m/a 的上升趋势，9 个湖泊的水位呈 0.144m/a 的下降趋势；从流域分布上看，具有南部湖泊水位下降，北部湖泊水位上升，中部大部分湖泊水位上升、小部分湖泊水位下降的趋势，且个别湖泊水位夏季和冬季水位变化趋势有反转现象。

4.2 星载雷达高度计监测全国主要湖泊水位变化

4.2.1 概述

中国地域宽广，阶梯状地貌特征明显，气候特点各异，自然环境区域分异鲜明，湖泊的分布、形成、演化和资源赋存等方面均呈现出与自然环境相适应的区域特色。根据湖泊分布、成因、水环境、资源赋存和水文特征，结合中国西高东低的大地貌特征和南湿北干的气候条件，同时考虑便于统计的中国行政分区，将中国湖泊划分为五大湖区（王苏民和窦鸿身，1998）：①青藏高原湖区（包括青海和西藏）；②蒙新湖区或称西北干旱区湖区（包括内蒙古、新疆、甘肃、宁夏、陕西、山西）；③云贵高原湖区（包括云南、贵州、四川、重庆）；④东北平原与山地湖区（包括辽宁、吉林、黑龙江）；⑤东部平原湖区（包括江西、湖南、湖北、安徽、河南、江苏、上海、山东、河北、北京、天津、浙江、台湾、香港、澳门、海南、福建、广东、广西）。湖泊区域分布极不平衡，东部平原湖区和青藏高原湖区是中国湖泊分布最为集中的区域，江淮中下游更是水网密集，大小湖泊云集，云贵高原湖区则是全国诸湖泊分布区中湖泊数量和面积最为稀少的区域。本节选取的湖泊也体现了上述分布特征，其中青藏高原湖区 14 个，蒙新湖区 6 个，东部平原湖区 6 个，东北平原与山地湖区 1 个。

中国湖泊分布地带性鲜明。青藏高原湖区和蒙新湖区基本属于内流区，在干旱半干旱气候条件下，湖泊表现为封闭的咸水湖或盐湖。云贵高原湖区、东北平原与山地湖区、东部平原湖区三大湖区，地处亚洲季风气候区，降水较丰沛，湖泊表现为外流的淡水湖。

本节选取面积大于$500km^2$且同时具有 ENVISAT/RA-2 和 Cryosat-2/SIRAL 两种高度计数据过境的中国湖泊为研究对象。

4.2.2 使用的数据源及数据处理方法

1. 使用的数据源

本节使用的数据资料主要包括星载雷达高度计数据、实测水位数据和 MODIS 影像数据。

1）星载雷达高度计数据

在此主要利用两种星载雷达高度计数据提取湖泊水位，分别为 ENVISAT/RA-2 和 Cryosat-2/SIRAL 数据。其中，ENVISAT/RA-2 数据为基于重力补偿中心重跟踪法的 GDR 数据，时间跨度为 2002~2012 年。Cryosat-2/SIRAL 数据为经过仪器校正、传输延迟改正、几何改正和地球物理改正（如大气改正与潮汐改正）的 GDR 产品，以及低分辨率（low resolution，LR）模式的 1b 级波形数据，时间跨度为 2010~2015 年。

2）实测水位数据

实测水位主要为各个水文站的水位观测数据，主要包括从青海湖下社水文站获得的 2002~2012 年 5~10 月的单天实测水位数据，从鄱阳湖的水文观测站收集的鄱阳站、昌邑站、都昌站、康山站、棠荫站和星子站共 6 个水文站 2005～2014 年全年的单天实测水位数据，从《中华人民共和国水文年鉴》中收集的长江中下游主要湖泊的水位数据，包括洞庭湖的岳阳站、巢湖的槐林镇站、太湖的大浦口站、高邮湖的高邮站和洪泽湖的尚咀站 2011～2014 年的单天实测水位数据。

3）MODIS 影像数据

MODIS 影像数据共有 44 种标准产品，可分为大气、陆地、冰雪、海洋四种专题数据产品，本节选用了属于陆地专题的 MOD13Q1（MODIS /Terra Vegetation Indices 16-Day L3 Global 250m SIN Grid）影像数据产品。该数据产品包括归一化植被指数（normalized difference vegetation index，NDVI）、增强型植被指数（enhanced vegetation index，EVI）、反照率等共 12 个波段，在此采用 NDVI 波段。根据研究的需要，下载了 2002～2015 年过境湖泊的影像数据。

2. 数据处理方法

1）波形重跟踪处理

针对 Cryosat-2/SIRAL LRM 1b 级数据需要进行波形重跟踪处理，对比分析了不同波形重跟踪处理算法对不同类型湖泊（内流湖与外流湖）水位提取的效果。采用的波形重跟踪处理算法包括主波峰重心偏移法、主波峰阈值法、主波峰 5-β 参数法、传统重心偏移法、传统阈值法和传统 5-β 参数法共 6 种算法，以及 Cryosat-2/SIRAL GDR 产品中的精致定制项目（Customer Furnished Item，CFI）算法、伦敦大学项目（University College London Item，UCL）算法、精致重心偏移（Offset Center of Gravity，OCOG）重跟踪算法。其中，内流湖以青海湖为例，外流湖以鄱阳湖为例，利用实测水位数据，对比分析上述 9 种波形重跟踪处理算法提取水位的精度，从而选择最佳的波形重跟踪处理算法。

（1）内流湖。利用 Cryosat-2/SIRAL LRM 1b 级波形数据，经上述 9 种波形重跟踪算法处理后提取了青海湖 2010～2015 年的水位，将高度计提取的水位与实测水位进行相关性比较（图 4.5）和统计分析（表 4.4）得出，9 种算法均可有效地提取湖泊水位，水位提取结果与实测水位相关性较高，且精度均能达约 1cm。与其他几种波形重跟踪算法相比，主波峰 5-β 参数法提取的水位效果最好，具有最小均方根误差（0.093m）和最大相关系数（0.956），同时又能保证提取水位的数量，为最佳波形重跟踪算法。

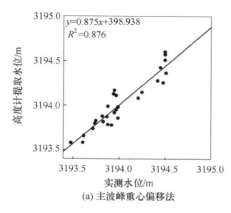

(a) 主波峰重心偏移法

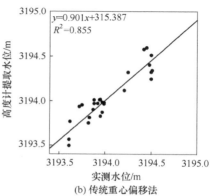

(b) 传统重心偏移法

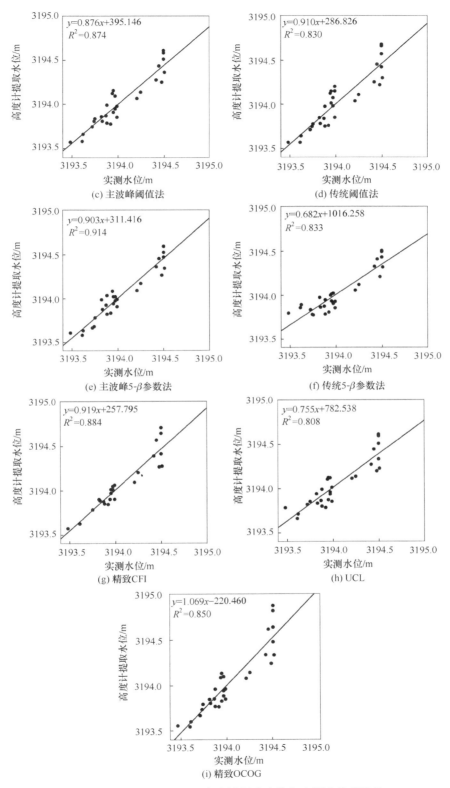

图 4.5 Cryosat-2/SIRAL 高度计提取水位与实测水位相关性

表 4.4　Cryosat-2/SIRAL 高度计提取水位与实测水位比较统计

波形重跟踪算法	差值绝对值的 最小值/m	差值绝对值的 最大值/m	均方根误差 /m	相关系数	用于验证的水 位个数/个	总解算单天 水位个数/个
主波峰重心偏移法	0.004	0.222	0.109	0.936	28	146
传统重心偏移法	0.010	0.255	0.121	0.925	28	149
主波峰阈值法	0.005	0.225	0.110	0.936	28	148
传统阈值法	0.003	0.260	0.132	0.911	30	152
主波峰 5-β 参数法	0.002	0.217	0.093	0.956	29	143
传统 5-β 参数法	0.004	0.317	0.137	0.913	28	146
精致 CFI	0.002	0.240	0.104	0.940	25	98
UCL	0.002	0.302	0.138	0.899	29	102
精致 OCOG	0.008	0.371	0.142	0.922	30	157

注：前 6 种算法用来对 Cryosat-2/SIRAL LRM 1b 级波形数据进行重跟踪处理，后 3 种算法为 Cryosat-2/SIRAL GDR 产品中自带的，已有处理好的数据

由表 4.4 可知，对于重心偏移法、阈值法与 5-β 参数法，与使用整个波形数据的传统算法相比，使用主波峰的改进算法提取水位与实测水位的相关性更高、均方根误差更小，主波峰波形重跟踪算法明显改善了传统波形重跟踪算法提取水位的精度。原因可能是，对于复杂波形，传统的利用整个波形数据获得的重定点，有可能偏离实际的波形前缘中点，从而造成提取距离出现错误，而利用主波峰则有效避免了这一点，如图 4.6 所示。

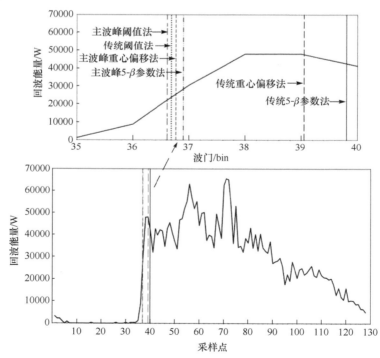

图 4.6　不同波形重跟踪算法获得的重定点位置对比

对于 Cryosat-2/SIRAL GDR 中 LR 模式数据的 3 种波形重跟踪算法，精致 CFI 算法具有较高的相关系数与较低的均方根误差，但是精致 CFI 与 UCL 算法提取的单天水位个数明显少于其他算法，原因是这两种数据在冬季结冰期（12 月到次年 3 月）提取的水位出现异常。如图 4.7 所示，精致 CFI 算法提取的水位出现明显分层，而 UCL 算法在结冰期提取的水位出现错乱，故两种数据提取的结冰期水位无效，而精致 OCOG 算法提取的水位结果较好。因此，对于 Cryosat-2/SIRAL GDR 中的 LR 模式数据，如果湖面无冰，则精

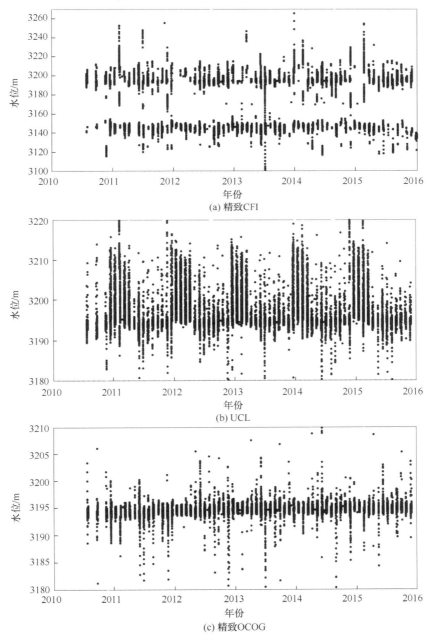

图 4.7　Cryosat-2/SIRAL GDR 数据中 3 种算法提取的所有水位示意图

致 CFI 算法提取水位的效果最佳，如果提取结冰期在内的长年水位，则基于精致 OCOG 算法的数据效果更佳。

为了进一步对比分析不同波形重跟踪算法提取水位的结果，以 2011 年 7 月 29 日过境青海湖的 Cryosat-2/SIRAL LR 模式的 1b 级数据为例进行波形分析。如图 4.8 所示，在高度计过境青海湖的过程中，回波波形呈现尖峰波形—尖峰波形与（似）海洋波形的组合波形—（似）海洋波形—尖峰波形与（似）海洋波形的组合波形—尖峰波形的变化趋势（高乐，2014），其中大部分为（似）海洋波形，这是由于青海湖面积较大，受陆地影响的范围相对较小。也正因如此，上述 9 种波形重跟踪算法提取青海湖水位的精度相差并不大（表 4.4）。对多条波形数据进行统计分析可以得到，对于青海湖，高度计回波受陆地影响的范围约 5km（15 个点左右），当然陆地对波形的影响，除与离岸距离远近有关外，还与陆地的地形、岸线的形状、高度计的移动方向、波形跟踪能力有关（杨乐，2009）。

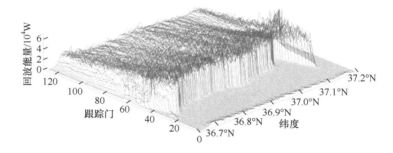

图 4.8　2011 年 7 月 29 日青海湖过境数据的波形图

这里选取 14 个靠近陆地边界的"复杂波形"进行进一步分析（图 4.9，图中 Rt1～Rt9 与表 4.5 相对应），分别计算了不同波形重跟踪算法提取水位与实际水位的均方根误差（表 4.5）。通过对比可以发现，针对这种波形，主波峰 5-β 参数法不再是最佳算法，主波峰重心偏移法和主波峰阈值法的重跟踪效果更好，更接近实测水位，均方根误差分别为 0.224m 和 0.231m。

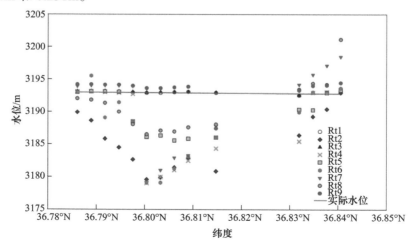

图 4.9　针对复杂波形的不同波形重跟踪算法提取水位结果图

表 4.5　针对复杂波形的不同波形重跟踪算法提取水位结果对比

编号	波形重跟踪算法	均方根误差/m
Rt1	主波峰重心偏移法	0.224
Rt2	传统重心偏移法	8.972
Rt3	主波峰阈值法	0.231
Rt4	传统阈值法	7.557
Rt5	主波峰 5-β 参数法	4.605
Rt6	传统 5-β 参数法	7.430
Rt7	精致 CFI	5.752
Rt8	UCL	4.611
Rt9	精致 OCOG	1.863

（2）外流湖。对于外流湖，其水位变化特征与内陆湖差异明显，高度计回波波形中"复杂波形"所占比例明显较高，主波峰 5-β 参数法不再是最佳算法。表 4.6 为基于不同波形重跟踪算法的 Cryosat-2/SIRAL 高度计数据提取鄱阳湖水位精度验证结果。其中，共有 68 对水位参与对比。从表中可以看出，相对于青海湖，高度计数据提取鄱阳湖水位的精度整体较低，均方根误差最小值为 0.689m，同时主波峰 5-β 参数法不再是最佳算法，主波峰重心偏移法表现更佳。

表 4.6　Cryosat-2/SIRAL 高度计数据提取鄱阳湖水位精度验证

波形重跟踪算法	鄱阳站		康山站		棠荫站		昌邑站		都昌站		星子站		综合站	
	均方根误差/m	相关系数	均方根误差/m	相关系数	均方根误差/m	相关系数	均方根误差/m	相关系数	均方根误差/m	相关系数	均方根误差/m	相关系数	均方根误差/m	相关系数
主波峰重心偏移法	0.689	0.928	0.695	0.937	1.115	0.947	1.203	0.935	2.098	0.923	2.234	0.917	0.759	0.930
传统重心偏移法	0.851	0.885	0.895	0.886	1.290	0.913	1.351	0.903	2.186	0.921	2.326	0.922	0.958	0.897
主波峰阈值法	0.732	0.903	0.756	0.906	1.122	0.920	1.194	0.915	2.058	0.905	2.187	0.906	0.765	0.925
传统阈值法	0.754	0.901	0.785	0.903	1.164	0.920	1.236	0.911	2.096	0.907	2.229	0.907	0.798	0.923
主波峰 5-β 参数法	0.811	0.881	0.870	0.872	1.255	0.889	1.346	0.866	2.174	0.867	2.310	0.866	0.890	0.899
传统 5-β 参数法	0.791	0.877	0.840	0.872	1.182	0.893	1.265	0.879	2.083	0.883	2.207	0.887	0.821	0.916
精致 CFI	1.668	0.450	1.724	0.451	2.151	0.427	2.240	0.370	3.048	0.368	3.165	0.359	1.885	0.363
UCL	1.359	0.608	1.380	0.652	1.889	0.619	1.963	0.581	2.869	0.533	3.043	0.486	1.533	0.547
精致 OCOG	0.778	0.878	0.811	0.877	1.127	0.897	1.201	0.890	2.009	0.894	2.123	0.900	0.758	0.926

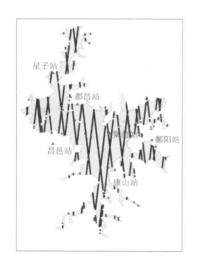

图 4.10　鄱阳湖站点分布示意图

鄱阳湖面积较大,形状不规则,站点分布广(图 4.10),且每个站点的水位之间存在一定差异。为了排除单个站点数据对精度结果的影响,分别用鄱阳站、昌邑站、都昌站、康山站、棠荫站和星子站共 6 个水文站的实测水位数据进行精度验证分析,结果表明,用 Cryosat-2/SIRAL 高度计数据提取的水位与鄱阳站和康山站的水位最接近,换用其他站点的实测水位数据并没有提高高度计提取水位的精度。考虑到单个站点间测得水位存在差异,而 Cryosat-2/SIRAL 数据在过境湖泊具有不同位置,根据就近原则,对于每条高度计数据,选择与其距离最近水文站的实测水位进行比较(表 4.6 中"综合站"列的数据),发现用此综合站验证的精度反而低于用鄱阳站单站验证的精度。

分析高度计提取鄱阳湖水位精度较低的原因如下:

(1)由于验证的是高度计数据提取的单天水位精度,高度计的每条数据都呈南北方向分布,且一天有可能有两条数据同时经过,在数据处理过程中,取所有数据的平均值作为该天的水位,而鄱阳湖的南北水位差异较大,特别是枯水期,可达 3m 以上,而水位站的数据是某个点数据,因此两种水位结果间可能存在较大差异。

(2)理论上,运用就近站点数据进行验证,可在一定程度上消除只用单站点进行验证时湖泊东西方向水位差值带来的误差。事实表明,这对丰水期的精度有所改善,但是大多数水文站位于湖泊边缘,枯水期时,水面断开,各自形成一个小湖,水位相差较大,用不同站点数据进行验证,反而效果更差。

(3)如图 4.11 所示,与青海湖相比,鄱阳湖水位变化与降雨及长江的水位密切相关,水位变化幅度大,水位不平缓,是折线变化、迂回前进的,且在用高度计计算水位的过程中,对单天水位时间序列进行了高斯滤波,使得一些极值点被平滑,从而降低了这些点的精度。

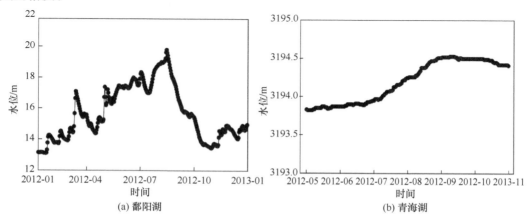

(a) 鄱阳湖　　　　　　　　　　　　　(b) 青海湖

图 4.11　鄱阳湖与青海湖实测水位对比图

为了进一步探讨比较适合提取外流湖水位的波形重跟踪算法，这里提取了长江中下游的洞庭湖、巢湖、太湖、高邮湖和洪泽湖共 5 个湖泊的水位，分别进行了精度验证（表 4.7）。其中，实测水位分别为岳阳站、槐林镇站、大浦口站、高邮站和尚咀站 2011～2014 年的水位数据。

结果表明，对于长江中下游的湖泊，主波峰 5-β 参数法不再是唯一的最佳波形重跟踪算法，重跟踪结果出现多样性。基于模型拟合的主波峰 5-β 参数法，重跟踪过程中出现的错误较多，使得最后能成功解算的水位个数相对较少。相比而言，主波峰重心偏移法和主波峰阈值法的表现更好。这与上述青海湖的"复杂波形"重跟踪分析得到的结果一致，高度计获取的长江中下游湖泊的波形中，大多数为尖峰波形与（似）海洋波形组合的"复杂波形"。

表 4.7　Cryosat-2/SIRAL 高度计数据提取长江中下游湖泊水位精度验证

波形重跟踪算法	巢湖			洞庭湖			太湖			高邮湖			洪泽湖		
	均方根误差/m	相关系数	参与验证的水位数/个	均方根误差/m	相关系数	参与验证的水位数/个	均方根误差/m	相关系数	参与验证的水位数/个	均方根误差/m	相关系数	参与验证的水位数/个	均方根误差/m	相关系数	参与验证的水位数/个
主波峰重心偏移法	0.226	0.835	40	2.061	0.887	58	0.140	0.844	50	0.195	0.813	37	0.260	0.808	61
传统重心偏移法	0.260	0.712	40	2.253	0.846	57	0.259	0.440	50	0.293	0.413	35	0.330	0.684	61
主波峰阈值法	0.228	0.832	40	2.053	0.887	58	0.148	0.821	50	0.190	0.810	37	0.246	0.831	61
传统阈值法	0.239	0.810	40	2.069	0.876	56	0.150	0.807	50	0.200	0.803	37	0.275	0.786	61
主波峰 5-β 参数法	0.203	0.877	39	2.358	0.801	50	0.152	0.796	50	0.228	0.717	34	0.285	0.779	61
传统 5-β 参数法	0.223	0.837	39	2.373	0.797	52	0.152	0.797	50	0.148	0.847	35	0.264	0.828	61
精致 CFI	0.210	0.862	38	2.472	0.808	54	0.157	0.804	42	0.233	0.547	16	0.279	0.662	33
UCL	0.237	0.812	38	2.699	0.727	55	0.184	0.701	45	0.718	0.039	34	0.343	0.634	46
精致 OCOG	0.232	0.824	40	2.094	0.876	57	0.151	0.810	50	0.220	0.684	36	0.255	0.915	60

在这 5 个湖泊和鄱阳湖的精度验证表中（表 4.6 和表 4.7），共有 18 对主波峰算法与传统算法提取的水位，其中有 14 对前者优于后者。因此，对于外流湖，整体上主波峰算法仍然优于传统算法，但并不绝对。原因可能是，湖泊水深较浅且随时间变化较大，导致回波波形变化大，没有明显的规律。

由表 4.7 可知，洞庭湖的水位提取精度较低，均方根误差超过米级。洞庭湖与鄱阳湖的情况类似，因此如果选取靠近高度计过境位置的水文站数据，验证高度计提取的湖泊水位精度，其精度可以提高。

2）湖面高程测量与水位时间序列构建

根据卫星的轨道高度和卫星到被测水面的距离（Range），便可计算出被测水面的高度。对 Cryosat-2/SIRAL LR 模式 20Hz 的 1b 级波形数据，利用上述重跟踪算法获得改正后距离，再根据式（4.6），获得湖面每个点的高程值 h_{ortho}。

$$h_{\text{ortho}} = h_{\text{alt}} - R_{\text{cor}} - \Delta R - h_{\text{geoid}} \quad\quad (4.6)$$

式中，h_{alt} 代表卫星的椭球高；h_{geoid} 代表大地水准面高程；R_{cor} 代表雷达高度计到水面的距离；ΔR 代表各项改正值，这里主要运用了高度计数据中自带的干对流层改正、湿对流层改正、电离层改正、海况偏差改正和潮汐改正。

选取经过某个湖泊的所有高度计数据条，对所获得的所有水位点进行处理，以提取每个湖泊的水位时间序列。

第一步，提取湖泊边界，以保证水位点在湖面上。利用水体与植被、陆地在红波段和近红外波段的表现差异，通过计算 NDVI 值，可以识别水体信息。一般 NDVI 值小于 0 为水体，植被与陆地的 NDVI 为正值，但是由于湖水受到水中生物、含沙量和湿地的影响，在阈值的选取过程中不能仅以 NDVI 值小于 0 作为水体提取的标准，需经过反复的实验对比选择合适的阈值。

在此利用 MODIS MOD13Q1 产品的 NDVI 波段，针对不同湖泊不同时相的影像，经过实验选取合适的阈值，在 ENVI 软件环境下，经过坐标投影转换、批量裁剪、密度分割、栅格矢量转换等处理过程，获得每个湖泊的矢量边界，如图 4.12 所示。对于边界变化较小的湖泊，采用统一的边界；对于边界变化较大的湖泊，采用相对实时的湖泊边界。

图 4.12　湖泊边界提取过程

第二步，对湖面上所有 20Hz 的水位观测点，先目视解译剔除明显的异常水位，然后与总体水位平均值作差，再次目视解译剔除明显异常值。在所得到的水位值中，一般会存在偏差极大的异常值（图 4.13），与大多数水位值相差几十米甚至几百米，这些值会影响后面进一步的统计运算，因此要用目视解译的方法剔除。

第三步，对于每一天的数据，用 3σ 准则剔除异常值后，将一天中的所有有效水位值取平均作为单天水位[图 4.14（a）]。异常值为数据集中明显偏离其他样本成员的数据，可采用 3σ 准则、格拉布斯准则、狄克逊准则、肖维勒准则等进行判别。这 4 种准则都假设误差服从正态分布，格拉布斯准则和狄克逊准则比较适合小样本的异常值判断，样本数量最好小于 20 个，3σ 准则更适合于大样本数据（一般要求样本数量大于 50 个），肖维勒准则在某种程度上是 3σ 准则的补充（何平，1995）。综合考虑选用 3σ 准则来判断粗差最简单方便。具体判别方法为，对采集的数据样本 $x_1, x_2, x_3, \cdots, x_n$，求取算数平均值 $\bar{x}$

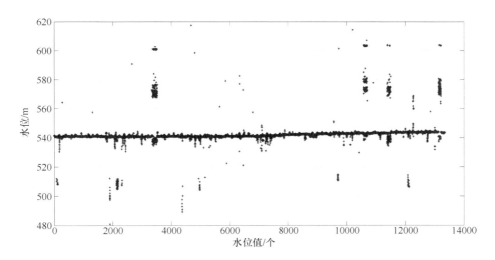

图 4.13　呼伦湖 Cryosat-2/SIRAL 所有过境水位点示意图

及剩余误差值 v_i，即可求得均方根偏差 σ：

$$
\begin{cases}
\overline{x} = \dfrac{1}{n}\displaystyle\sum_{i=1}^{n} x_i \\[2ex]
v_i = x_i - \overline{x} \\[2ex]
\sigma = \sqrt{\dfrac{\displaystyle\sum_{i=1}^{n} v_i^2}{n-1}}
\end{cases}
\tag{4.7}
$$

若 $|x_i - \overline{x}| > 3\sigma$，则相对而言误差较大，$x_i$ 应舍弃，这些误差大于 3σ 的观测数据出现的概率为 0.003；若 $|x_i - \overline{x}| \leqslant 3\sigma$，则 x_i 为正常值，应保留。

第四步，对所有的单天水位，先肉眼剔除明显离群值，再用 3σ 准则，进一步剔除异常单天水位，结果如图 4.14（b）所示。

第五步，对整体单天水位数据用高斯滤波法去除噪声，得到较为干净的单天水位时间序列，选用的滤波窗口为半年（高永刚等，2008），图 4.14（c）为高斯滤波后的结果。

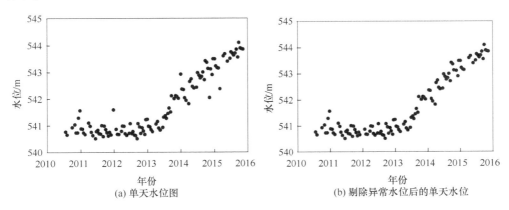

(a) 单天水位图　　　　　　　　　　　　　　(b) 剔除异常水位后的单天水位

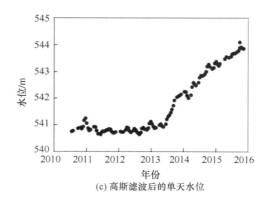

(c) 高斯滤波后的单天水位

图 4.14　单天水位编辑过程示意图（呼伦湖）

第六步，将上述单天水位按月取平均得到月平均水位，按年取平均得到年平均水位。

Cryosat-2/SIRAL 数据和 ENVISAT/RA-2 数据的处理过程与上述方法类似，不同的是 Cryosat-2/SIRAL GDR 数据直接提供了测量点的大地高，且已进行了各种地球物理改正。

3）多种高度计数据提取水位结果融合与精度验证

ENVISAT/RA-2 数据采用了 WGS84/EGM96 参考系；Cryosat-2/SIRAL 数据采用了 WGS84 坐标系，且在陆地和陆地冰区域采用了 EGM96 大地水准面，在海洋和封闭水域采用了基于 UCL04 模型的平均海平面。水文站实测水位数据采用了 1985 国家高程系统或黄海高程系统。ENVISAT/RA-2 和 Cryosat-2/SIRAL 数据提取的水位与水文站实测水位采用了不同的高程基准，同时 ENVISAT/RA-2 和 Cryosat-2/SIRAL 各自的轨道差异也会引起水位时间序列间的差异，因此在进行水位提取结果精度验证之前，要先完成高程系统的转换。

首先，通过计算 ENVISAT/RA-2 和 Cryosat-2/SIRAL 两种水位时间序列间的平均差值，将 ENVISAT/RA-2 数据提取的水位变换到与 Cryosat-2/SIRAL 相同的水平上，从而获得 2002～2015 年的水位时间序列。然后，根据该水位时间序列与实测水位间的平均差值，将高度计获得的水位变换到与实测水位相同的水准面。最后，通过计算高度计提取的湖泊水位与对应实测水位间的相关性、均方根误差、解算水位个数，对比不同方法提取湖泊水位的精度。

相关系数（r）是用以反映变量之间相关关系密切程度的统计指标，如式（4.8）所示，$-1 \leqslant r \leqslant 1$。$r > 0$ 时，表示两个变量呈正相关，$r < 0$ 时，表示两个变量呈负相关，且 $|r|$ 越接近于 0，两个变量间的线性相关程度越弱，$|r|$ 越接近于 1，两个变量间的线性相关程度越强，即高度计提取水位与实测水位的相关性越强。如式（4.9）所示，均方根误差（RMSE）是观测值与真值偏差的平方和与观测次数比值的平方根，表示测量数据偏离真值的程度，均方根误差越小，表示测量精度越高。

$$r = \frac{\sum_{i=1}^{n}(x_i - \overline{x}) \times (y_i - \overline{y})}{\sqrt{\sum_{i=1}^{i=n}(x_i - \overline{x})^2 \times \sum_{i=1}^{i=n}(y_i - \overline{y})^2}} \qquad (4.8)$$

$$\text{RMSE} = \sqrt{\frac{\sum_{i=1}^{n}d_i^2}{n}} \qquad (4.9)$$

式中，x_i 为高度计提取的水位值；y_i 为实测水位值；$\overline{x}$ 为高度计提取的水位平均值；$\overline{y}$ 为实测水位平均值；n 为解算水位个数；d_i 为高度计提取的水位与实测水位间的差值。多源水位数据的融合流程如图 4.15 所示。

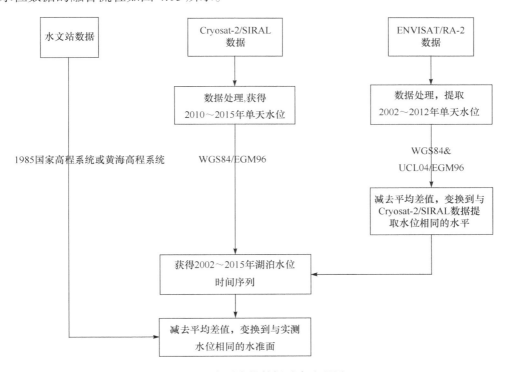

图 4.15　多源水位数据融合流程图

以青海湖为例，图 4.16（a）为 ENVISAT/RA-2 数据提取的水位、Cryosat-2/SIRAL 数据提取的水位和实测水位，其中基于 Cryosat-2/SIRAL 数据提取的水位是以 UCL04 平均海平面为基准的。根据 ENVISAT/RA-2 数据与 Cryosat-2/SIRAL 数据提取的公共时段内的水位（即 2010 年 7 月至 2012 年 3 月的水位），计算得到平均差值为 1.73m，将 ENVISAT/RA-2 数据提取的水位减去该差值，进而获得 2002～2015 年的水位时间序列 [图 4.16（b）]。高度计提取的水位时间序列与实测水位的平均差值为 0.37m，将高度计提取的水位减去该差值，变换到与实测水位相同的水平，从而获得最终的水位融合结果 [图 4.16（c）]。

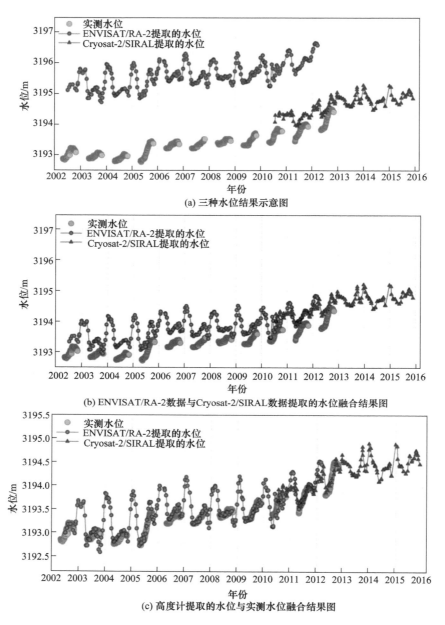

图 4.16　高度计提取的单天水位与实测水位融合结果示意图（青海湖）

4.2.3　星载雷达高度计监测全国主要湖泊水位变化

1. 中国主要湖泊水位时间序列提取与精度验证

在此采用了 Cryosat-2/SIRAL LR 模式 1b 级波形数据和 Cryosat-2/SIRAL SARIn 模式的 GDR 数据，并结合 ENVISAT/RA-2 数据提取了中国 27 个主要湖泊 2002～2015 年水位。其中，Cryosat-2/SIRAL LR 模式 1b 级波形数据经波形重跟踪处理后获取湖泊水位时，内流湖选择主波峰 5-β 参数法，外流湖选择主波峰重心偏移法。提取的中国 27 个主要湖泊 2002～2015 年的水位时间序列包括单天水位时间序列、月均水位时间序列和年均水位时间序列。这 27 个湖泊分别属于我国的四大湖区，即青藏高原湖区、蒙新湖区、东北平原与山地湖区、东部平原湖区。

以青海湖和鄱阳湖为例，验证所提取水位时间序列的精度。图 4.17 为高度计提取青海湖的单天水位时间序列、月均水位时间序列、年均水位时间序列与实测水位的对比图，

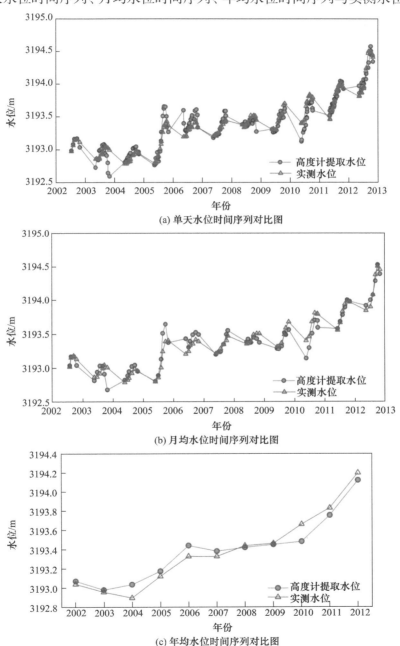

图 4.17 高度计提取的青海湖水位时间序列与实测水位对比图

并计算了它们之间的均方根误差与相关系数（表4.8）。结果显示，青海湖单天水位时间序列和年均水位时间序列整体变化趋势一致，相关系数达0.95以上，水位提取精度为0.1m左右。高度计提取的鄱阳湖水位与实测水位的相关性较好，相关系数大于0.80，虽然均方根误差较大，但从图4.18可以看出，高度计提取的水位时间序列与实测水位的变化情况相一致。

表4.8 高度计提取水位时间序列与实测水位对比统计

项目	青海湖			鄱阳湖		
	均方根误差/m	相关系数	参与验证的水位数/个	均方根误差/m	相关系数	参与验证的水位数/个
单天水位时间序列	0.119	0.957	168	0.885	0.815	242
月均水位时间序列	0.107	0.964	64	0.729	0.870	118
年均水位时间序列	0.091	0.978	11	0.260	0.870	10

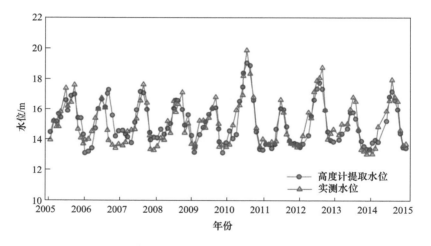

图4.18 高度计提取的鄱阳湖月均水位时间序列与实测水位对比图

2. 水位年际变化分析

根据雷达高度计数据提取的每个湖泊的年均水位时间序列，使用稳健的线性回归法获得了水位的年均变化趋势（表4.9）。稳健的线性回归法对数据进行了加权处理，即首次计算时，用所有点的等权值建立线性回归模型，第二次计算时，根据每个数据点距离模拟值的远近进行加权回归，再次确定新的回归模型，依次迭代计算直到回归系数收敛。与一般的线性回归法相比，该线性回归法对异常点有更强的稳健性，因此用该方法得到的湖泊水位年均变化率更能反映水位时间序列的整体变化情况。图4.19为用稳健的线性回归法得到的2002~2015年青海湖年均水位变化趋图，其中直线的拟合优度（R^2）为0.8940，表明青海湖的水位在2002~2015年整体逐渐上升，且上升趋势明显。

表 4.9　中国主要湖泊年际水位变化统计

湖区	编号	湖泊名称	起始时间	终止时间	2002~2015 年		2002~2010 年（P_1）		2011~2015 年（P_2）		P_2-P_1
					年均变化率/（m/a）	R^2	年均变化率/（m/a）	R^2	年均变化率/（m/a）	R^2	年均变化率/（m/a）
青藏高原湖区	1	青海湖	2002-07	2015-11	0.112	0.894	0.066	0.669	0.138	0.837	0.072
	2	扎陵湖	2010-09	2015-11	−0.008	0.052	—	—	0.014	0.174	—
	3	鄂陵湖	2002-07	2015-01	0.119	0.434	0.296	0.805	−0.122	0.670	−0.418
	4	哈拉湖	2003-07	2015-09	0.074	0.404	0.142	0.408	0.068	0.808	−0.074
	5	乌兰乌拉湖	2002-08	2015-12	0.350	0.898	0.270	0.692	0.246	0.735	−0.024
	6	色林错	2002-07	2015-11	0.377	0.802	0.646	0.979	−0.004	0.237	−0.650
	7	纳木错	2002-07	2015-11	0.073	0.454	0.182	0.880	−0.013	0.503	−0.195
	8	格仁错	2010-07	2015-11	0.028	0.042	—	—	−0.063	0.262	—
	9	昂孜错	2009-04	2015-12	0.178	0.792			0.210	0.946	
	10	当惹雍错	2002-01	2015-12	0.190	0.901	0.258	0.945	0.023	0.124	−0.235
	11	扎日南木错	2002-06	2015-11	0.183	0.803	0.300	0.951	−0.023	0.256	−0.323
	12	塔若错	2010-09	2015-01	−0.118	0.990	—	—	−0.116	0.983	—
	13	昂拉仁错	2002-07	2015-11	−0.026	0.129	0.040	0.165	−0.128	0.830	−0.168
	14	班公错	2008-09	2015-12	0.065	0.878	—	—	0.043	0.617	—
蒙新湖区	15	博斯腾湖	2002-06	2015-12	−0.261	0.800	−0.390	0.841	−0.005	0.001	0.385
	16	艾比湖	2002-07	2015-11	−0.039	0.171	−0.093	0.353	−0.168	0.882	−0.075
	17	乌伦古湖	2002-09	2015-11	0.183	0.690	0.065	0.248	−0.144	0.756	−0.209
	18	呼伦湖	2002-07	2015-11	−0.085	0.106	−0.368	0.894	0.748	0.910	1.116
	19	赛里木湖	2002-06	2015-11	0.015	0.061	0.133	0.764	0.055	0.702	−0.078
	20	阿牙克库木湖	2002-08	2015-12	0.328	0.860	0.212	0.605	0.129	0.643	−0.083
东北平原与山地湖区	21	兴凯湖	2002-07	2015-11	0.075	0.625	0.022	0.074	0.165	0.698	0.143
东部平原湖区	22	洞庭湖	2002-07	2015-12	−0.061	0.136	0.124	0.447	0.188	0.459	0.064
	23	鄱阳湖	2002-06	2015-12	−0.060	0.262	−0.040	0.067	0.081	0.086	0.121
	24	巢湖	2002-07	2015-11	0.025	0.160	0.029	0.065	0.021	0.181	−0.008
	25	太湖	2002-06	2015-01	0.009	0.046	0.022	0.081	0.038	0.941	0.016
	26	高邮湖	2002-06	2015-12	−0.018	0.026	−0.026	0.014	0.034	0.652	0.060
	27	洪泽湖	2002-07	2015-12	−0.007	0.019	0.032	0.164	0.065	0.398	0.033

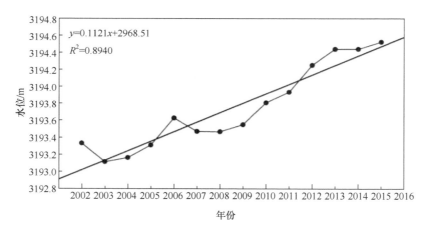

图 4.19　2002～2015 年青海湖年均水位变化图

　　为了更直观、具体地展现不同湖区的湖泊水位变化情况，以湖区为单位进行划分，并将 2002 年的水位设为零，将每个湖区的湖泊水位变化序列呈现在一张图上，如图 4.20 所示。

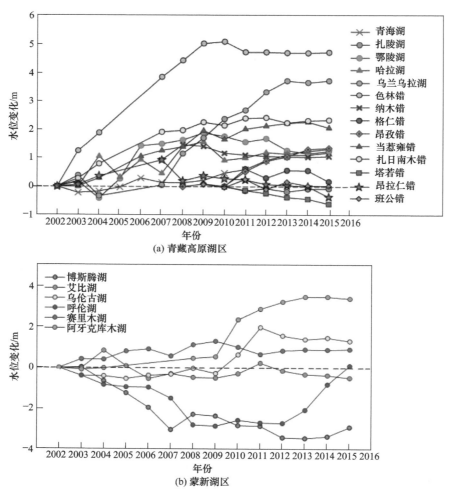

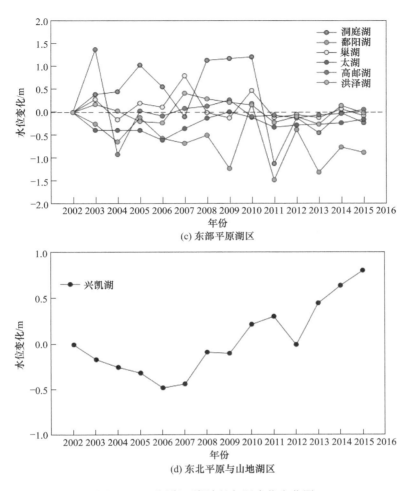

图 4.20 不同湖区湖泊的年际水位变化图

由表 4.9 可知，青藏高原湖区的 14 个湖泊中，2002～2015 年有 11 个湖泊的水位呈上升趋势，3 个湖泊水位呈下降趋势，即青藏高原湖区大部分湖泊的水位整体呈上升趋势。由于数据缺失，扎陵湖、格仁错、塔若错的结果为 2002～2015 年的变化趋势，班公错和昂孜错的结果分别为 2008～2015 年和 2009～2015 年的变化趋势。2002～2015 年，湖泊水位上升速率最大的是色林错，年均变化率为 0.377m/a，R^2 为 0.802。上升速率最小的是纳木错，年均变化率为 0.073m/a，且拟合优度不高，说明纳木错年均水位的直线变化趋势并不明显。从图 4.20 可以看出，青藏高原湖区的湖泊水位变化快，变化幅度大，2002～2015 年最大水位变化量达 5m 左右。

蒙新湖区共观测了 6 个湖泊，分别为博斯腾湖、艾比湖、赛里木湖、阿牙克库木湖、乌伦古湖和呼伦湖。其中，3 个湖泊的水位整体呈上升趋势，3 个湖泊的水位整体呈下降趋势。水位变化趋势最明显的是阿牙克库木湖，从 2002 年起，湖泊水位平均每年上涨0.328m，R^2 为 0.860。

东北平原与山地湖区只研究了兴凯湖（此处为大兴凯湖），其水位年均变化率为0.075m/a，R^2 为 0.625。从图 4.20（d）可以看出，2002～2006 年，兴凯湖的水位一直下降，年均变化率为–0.111m/a，而 2007～2015 年水位逐渐上升，年均变化率为 0.135m/a。

相对于青藏高原湖区的湖泊，东部平原湖区的湖泊水位变化缓慢，年均变化率小，约 0.01m/a。在所监测的 6 个湖泊中，有 4 个湖泊水位呈下降趋势，太湖和巢湖水位有所上升，其年均变化率分别为 0.009m/a、0.025m/a。同时，直线拟合优度整体很低，表明 2002～2015 年，这些湖泊的水位并不是近似直线变化。从图 4.20（c）可以更直观地看出，东部平原湖区的湖泊年际变化复杂，上下起伏，有升有降，没有明显的规律。

从图 4.20 还可以发现，2002～2010 年和 2011～2015 年两个时间段相比，湖泊水位变化速率明显不同，特别是青藏高原湖区和蒙新湖区的湖泊变化明显不同。为此，分别统计并对比分析了 2002～2010 年和 2011～2015 年的湖泊水位年均变化率，如表 4.9 所示。结果表明，对于青藏高原湖区和蒙新湖区的大部分湖泊，2002～2010 年，水位迅速升高或降低，而 2011 年后，水位变幅减小，变化速率降低，水位趋于稳定。其中，色林错的变化最大，2011～2015 年的年均变化率比 2002～2010 年的年均变化率减小了约 0.650m/a。另外，有些湖泊的水位 2002～2010 年不断上升，而 2011 年后呈现缓慢下降趋势，如鄂陵湖、纳木错、色林错等。

3. 水位季节变化分析

为了研究所监测湖泊水位的年内季节变化特征，分别统计了年内水位高峰期和年内水位变幅。

1）年内水位高峰期

年内水位高峰期，即年内较大水位出现的月份，一年内可能有一个水位高峰值，也可能有多个水位高峰值。集中期通常用于径流量与降水量的年内变化分析，即用向量的方法表示年内最大径流或降水出现的时段。在此通过集中期来计算年内最高水位出现的时段，具体算法如下：将每一年的月均水位与该年最低月水位作差，得到各个月份的相对水位；将每年的月相对水位作为向量，相对水位的大小为向量的长度，则 1～12 月向量的方位角 θ_i 分别为 0°，30°，60°，…，360°，然后将每个月的相对水位分解为 x 和 y 两个垂直方向上的分量，则 x 和 y 方向上的向量合成分别用 L_x 和 L_y 表示

$$\begin{cases} L_x = \sum_{i=1}^{12} L(i)\cos\theta_i \\ L_y = \sum_{i=1}^{12} L(i)\sin\theta_i \end{cases} \tag{4.10}$$

$$D = \arctan\left(\frac{L_y}{L_x}\right) \tag{4.11}$$

其中，当向量位于第二象限和第四象限时，D 要加上 180°，当向量位于第四象限时，D 要加上 360°。由式（4.11）可以看出，D 指示向量合成后的重心所指向的角度，即一年中最大水位最可能出现的方向。将 D 除以 30，便得到最大水位出现的月份，即该年的水位高峰期。然后，取多年高峰期的平均值作为湖泊的整体年内水位高峰期。

为了验证该方法的可行性，以鄂陵湖为例，用上述方法得到的水位高峰期为 8.4 月，即最高水位出现在 8 月。图 4.21 为 2002～2015 年鄂陵湖月水位变化图。将多年的月水

位数据取平均，得到图 4.22，从图 4.22 可以看出，鄂陵湖年内水位有一个高峰值，该值出现在 8 月左右，与计算得到的水位集中期一致。

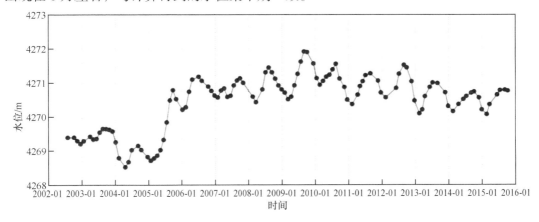

图 4.21　2002～2015 年鄂陵湖月水位变化图

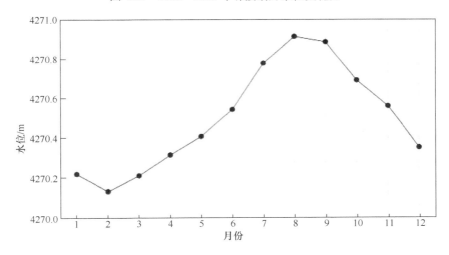

图 4.22　鄂陵湖年内水位变化图

　　根据上述方法计算得到水位集中期，并结合各个湖泊的月均水位变化图，得到 27 个湖泊的年内水位高峰期，如表 4.10 所示。从表 4.10 可以看出，蒙新湖区和东北平原与山地湖区的湖泊，以及青藏高原湖区的部分湖泊，一年内会有两个水位高峰值，集中在 4 月和 9 月左右，可能分别由高山融水和降雨所致。而高度计提取青海湖的水位显示，每年 12 月水位开始上涨，次年 1 月达到水位高峰期，之后水位下降直到 5 月，这与 Lee 等（2011）得到的结果相似，这可能是冬季湖水结冰后体积膨胀所致。

表 4.10　年内水位高峰期统计

湖区	编号	湖泊名称	年内水位高峰期/月份	
青藏高原湖区	1	青海湖	9	1
	2	扎陵湖	8	—
	3	鄂陵湖	8.4	—

湖区	编号	湖泊名称	年内水位高峰期/月份	
青藏高原湖区	4	哈拉湖	8	—
	5	乌兰乌拉湖	7.7	11
	6	色林错	7.7	—
	7	纳木错	8	
	8	格仁错	9.1	—
	9	昂孜错	9.8	1
	10	当惹雍错	8.8	—
	11	扎日南木错	9	4
	12	塔若错	10	4
	13	昂拉仁错	9	4
	14	班公错	9	4
蒙新湖区	15	博斯腾湖	9	4
	16	艾比湖	7	3
	17	乌伦古湖	7	4
	18	呼伦湖	9.6	4
	19	赛里木湖	8	3
	20	阿牙克库木湖	8	1
东北平原与山地湖区	21	兴凯湖	8	4
东部平原湖区	22	洞庭湖	6.4	—
	23	鄱阳湖	7	
	24	巢湖	9.8	—
	25	太湖	7.3	
	26	高邮湖	5.3	—
	27	洪泽湖	6.3	—

将夏季丰水期的水位高峰期用直方图表示（图 4.23），结果表明，对于青藏高原湖区、东北平原与山地湖区、蒙新湖区，大部分湖泊的水位峰值出现较晚，在 8 月左右，而东部平原湖区的湖泊，6 月左右便迎来了年内水位峰值。研究发现，巢湖、高邮湖和洪泽湖，年内水位变化复杂，没有明显的规律，在 1 月、5 月、7 月、10 月、12 月都出现较大水位值。

2）年内水位变幅

对湖泊的月均水位时间序列每年的最高水位与最低水位作差，得到该年的水位变幅，然后对多年的水位变幅取平均，从而得到该湖泊的年内水位平均变幅，该值可以体现湖泊水位季节变化的程度。

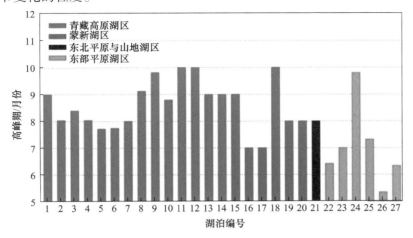

图 4.23　年内夏季水位高峰期

如图 4.24 所示，81%的湖泊年内水位变幅在 0.5～1.2m。洞庭湖和鄱阳湖的年内水位变幅最大，超过 3m。蒙新湖区的湖泊中，艾比湖的年内水位变幅较大，超过 1.5m。青藏高原湖区的当惹雍错和塔若错的年内水位变幅较小，分别为 0.47m 和 0.27m。

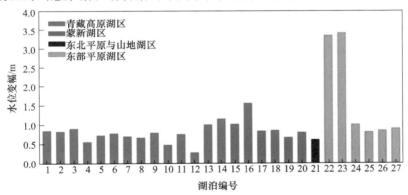

图 4.24　年内水位变幅

4.2.4　小结

本节对比分析了不同重跟踪算法提取湖泊水位的精度，得出内流湖水位变化规律明显，变化幅度小且变化平缓，主波峰 5-β 参数法表现最佳；而对于外流湖，水位变幅大，且受灌溉、蓄水等人为因素影响大，主波峰重心偏移法和主波峰阈值法的表现更好。同时，基于 Cryosat-2/SIRAL 与 ENVISAT/RA-2 数据提取了中国 27 个主要湖泊 2002～2015 年的水位时间序列，提取水位与实测水位具有较好的相关性，变化趋势一致，可用于进一步的水位变化分析。此外，通过稳健的线性回归法，计算了多年平均水位变化率，分析了不同湖泊的年际变化趋势和季节变化特征。

4.3 星载雷达高度计监测全球主要湖泊水位变化

4.3.1 概述

湖泊作为重要的水资源组成部分，不仅对地表水的供给和调节起着重要作用，还能反映气候变化和人类活动对区域与全球环境变化的影响（施雅风，1990；Adrian et al.，2009；Schindler，2009；李均力等，2011；Song et al.，2015）。湖泊面积和水位是表征湖泊水量变化的重要参数。其中，湖泊面积能用遥感影像进行有效监测（Gong，2012；Liao et al.，2013），而对湖泊水位进行高精度监测却不尽如人意，尤其是位于边远地区的湖泊（Crétaux et al.，2016）。水文站观测是湖泊水位监测的传统方法，该方法虽然能获取连续、高精度的水位数据，但也存在一些不利因素。首先，受地理环境和经济条件所限，水文站点的分布很不均匀，尤其是在自然条件恶劣和人迹罕至的区域布设站点几乎不可行；其次，据统计全球水文站数量还在不断减少（Frappart et al.，2006；Kleinherenbrink et al.，2014）；最后，有不少国家和地区的湖泊水文观测资料因各种原因并不公开。这些因素都严重阻碍了对全球及区域湖泊水位进行持续、有效监测研究的开展及成果的推广应用（万玮等，2014）。

全球湖泊具有分布广、季节性波动大、区域差异明显等特点，传统测量手段不利于长期、连续监测。遥感技术发展之初，人们主要借助遥感影像获取的水体分布及面积，然后结合其他信息资料间接获取湖泊水位，使用的方法包括水位–面积关系法和 DEM 叠合法（刘元波等，2016），但这些方法限制因素较多，不具有普适性。作为替代方法的卫星测高技术，经过数十年的发展，已在湖泊水位变化监测等领域取得重要应用（Morris and Gill，1994；Birkett，1995；Gao et al.，2013；高乐等，2013；Liao et al.，2014；Jiang et al.，2017）。因此，本节综合利用多源星载高度计数据开展全球主要湖泊（面积大于400km^2）2002～2016 年的水位变化动态监测，为全球变化研究、水资源高效管理、生态环境保护及区域可持续发展提供科学支持与决策服务。

4.3.2 使用的数据源及数据处理方法

1. 使用的数据源

本节使用的星载雷达高度计数据为欧洲空间局的 ENVISAT/RA-2 和 Cryosat-2/SIRAL 数据，以及美国的 Jason-2 数据。其中 ENVISAT/RA-2 数据的获取时间为 2002～2012 年，Cryosat-2/SIRAL 数据的获取时间为 2010～2016 年，Jason-2 数据的获取时间为 2008～2016 年。三种星载雷达高度计均为 GDR 数据产品，与之对应的 MODIS 影像数据采用 MODIS MOD13Q1 数据产品。

此外，本节还使用了青海湖 2002～2012 年 5～10 月的单天实测平均水位、鄱阳湖鄱阳站 2005～2014 年 1～12 月全年单天平均水位及美国国家海洋和大气管理局网站（NOAA，2016）提供的北美五大湖 2002～2016 年的月均水位进行水位提取精度验证。

2. 数据处理方法

首先，利用 MODIS MOD13Q1 产品的 NDVI 波段，针对不同湖泊不同时相的影像，经过实验选取合适的阈值，在 ENVI 软件环境下，经过坐标投影转换、批量裁剪、密度分割、栅格矢量转换等处理过程，获得每个湖泊的矢量边界，提取每个湖泊 2002～2016 年的湖泊边界。对于边界变化较小的湖泊，采用统一的边界，对于边界变化较大的湖泊，采用相对实时的湖泊边界。

其次，对湖面上所有 20Hz 的水位观测点，先目视解译剔除明显的异常水位，然后与总体水位平均值作差，再次目视解译剔除明显异常值。对于每一天的数据，用 3σ 准则剔除异常值后，将一天中的所有有效水位值取平均作为单天水位。对整体单天水位数据采用高斯滤波法去除噪声，得到较为干净的单天水位序列，将单天水位按月取平均得到月均水位，按年取平均得到年均水位。

分别提取 Cryosat-2/SIRAL、Jason-2 和 ENVISAT/RA-2 三种星载雷达高度计数据的水位，然后对提取的水位进行融合，得到 2002～2016 年湖泊的水位时间序列。Cryosat-2/SIRAL、Jason-2 和 ENVISAT/RA-2 均采用了 EGM96 的重力场模型，因此 3 种数据提取的水位之间不需要进行高程系统的转换；但由于 3 种星载雷达高度计获取的数据存在系统偏差，需进行消除，且 Jason-2 获取的数据与另外两种高度计获取的数据都有较长时间的重合，故以 Jason-2 数据提取的水位为基准，分别计算出 Crysat-2/SIRAL 和 ENVISAR/RA-2 数据提取的水位与 Jason-2 所得水位的平均差值；然后根据计算出的差值，将 Cryosat-2/SIRAL 和 ENVISAT/RA-2 数据提取的水位结果变换到与 Jason-2 相同的水平；对于有多个水位值的时间点，将多个水位值（两个或三个）取平均作为该时间点的水位值，这样便得到由 3 种高度计数据融合而得的单天水位时间序列，进而得到融合后的月均水位序列及年均水位时间序列；对获得的年均水位时间序列作简单线性回归，得到 2002～2016 年的平均水位变化趋势。

根据水位时间序列与实测水位间的平均差值，将高度计获得的水位变换到与实测水位相同的水准面。通过计算高度计提取的湖泊水位与实测水位间的相关性、均方根误差、解算水位个数，对比不同方法提取湖泊水位的精度。多源星载雷达高度计数据提取湖泊水位时间序列的技术路线如图 4.25 所示。

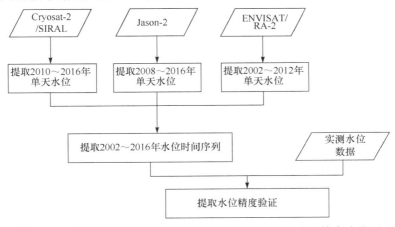

图 4.25 多源星载雷达高度计数据提取湖泊水位时间序列技术路线图

4.3.3 多源星载雷达高度计监测全球主要湖泊水位变化

1. 全球主要湖泊水位变化监测结果

利用多源星载雷达高度计数据获得了 118 个面积大于 400km² 湖泊的水位，这些湖泊分别为亚欧大陆 57 个，北美洲 31 个，非洲 14 个，南美洲 10 个，大洋洲 6 个，其中面积大于 1000km² 的 93 个，面积小于 1000km² 的 25 个。每个湖泊水位时间序列包括单天水位时间序列、月均水位时间序列和年均水位时间序列。利用简单线性回归得到每个湖泊 2002～2016 年水位年均变化率（图 4.26，表 4.11）。

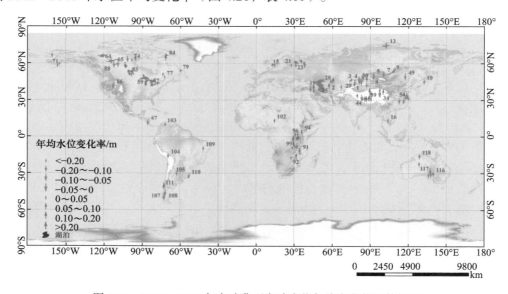

图 4.26　2002～2016 年全球典型湖泊水位年均变化状况数据图

表 4.11　全球典型湖泊 2002～2016 年水位年均变化状况统计

编号	湖泊名称	年均变化率/（cm/a）	编号	湖泊名称	年均变化率/（cm/a）
1	伊塞克湖	0.4	12	奥涅加湖	2.3
2	萨雷卡梅什湖	16.6	13	泰梅尔湖	−1.9
3	巴尔克什湖	1.7	14	维纳恩湖	3.4
4	阿拉湖	−8.4	15	韦特恩湖	1.2
5	乌布苏湖	−6.5	16	洞里萨湖	−15.7
6	吉尔吉斯湖	−35.6	17	尔米亚湖	−19.5
7	库苏古尔湖	−0.2	18	凡湖	−1.8
8	哈尔乌苏湖	4.8	19	塞凡湖	24.2
9	贝加尔湖	−13.3	20	雷宾斯克水库	−0.6
10	兴凯湖	7.4	21	楚德湖	2.5
11	拉多加湖	2.0	22	伊尔门湖	1.9

编号	湖泊名称	年均变化率/（cm/a）	编号	湖泊名称	年均变化率/（cm/a）
23	白湖	4.0	57	洪泽湖	−0.1
24	斋桑湖	−2.0	58	势必利尔湖	3.0
25	里海	−4.3	59	密歇根湖	3.8
26	北咸海	12.4	60	休伦湖	4.1
27	东南咸海	−15.6	61	伊利湖	3.2
28	西南咸海	−43.0	62	安大略湖	0.5
29	卡普恰盖水库	−8.7	63	大熊湖	0.9
30	萨瑟克湖	−0.7	64	大奴湖	−0.1
31	艾达尔库尔湖	0.2	65	阿萨巴斯卡湖	−0.3
32	青海湖	11.2	66	温尼伯湖	4.5
33	扎陵湖	−0.8	67	尼加拉瓜湖	−3.0
34	鄂陵湖	11.9	68	尼皮贡湖	2.0
35	哈拉湖	7.4	69	塞拉维克湖	5.2
36	乌兰乌拉湖	35.0	70	伊利亚姆纳湖	1.2
37	色林错	37.7	71	别恰罗夫湖	3.3
38	纳木错	5.6	72	杜邦特湖	−0.9
39	格仁错	2.8	73	贝克湖	−1.6
40	昂孜错	17.8	74	亚斯凯德湖	0.1
41	当惹雍错	19.0	75	伍拉斯顿湖	−0.3
42	扎日南木错	12.7	76	驯鹿湖	4.7
43	塔若错	−11.8	77	圣让湖	0.2
44	昂拉仁错	−2.6	78	米斯塔西尼湖	0.3
45	班公错	5.8	79	梅尔维尔湖	0.7
46	博斯腾湖	−17.6	80	马尼托巴湖	4.7
47	艾比湖	−3.9	81	温尼伯戈西斯湖	9.6
48	乌伦古湖	11.8	82	锡达湖	2.9
49	呼伦湖	−1.9	83	多芬湖	6.1
50	赛里木湖	1.5	84	阿马朱瓦克湖	42.8
51	阿牙克库木湖	32.8	85	纳蒂灵湖	0.2
52	洞庭湖	−6.1	86	大盐湖	−3.8
53	鄱阳湖	−6.0	87	圣克莱尔湖	1.1
54	巢湖	2.5	88	克莱尔湖	−2.0
55	太湖	0.9	89	维多利亚湖	6.5
56	高邮湖	5.3	90	坦葛尼喀湖	12.0

编号	湖泊名称	年均变化率/（cm/a）	编号	湖泊名称	年均变化率/（cm/a）
91	马拉维湖	−7.0	105	奇基塔湖	−17.7
92	卡里巴水库	0.1	106	阿根廷湖	−8.0
93	卡布拉巴萨水库	13.7	107	别德马湖	−4.2
94	图尔卡纳湖	15.0	108	布宜诺斯艾利斯湖	−3.0
95	艾伯特湖	−6.5	109	索布拉迪湖	−12.4
96	基奥加湖	−8.2	110	密林湖	−5.9
97	爱德华湖	2.7	111	延基韦湖	0.7
98	基伍湖	6.6	112	兰科湖	20.5
99	姆韦鲁湖	4.7	113	艾尔湖	−3.4
100	鲁夸湖	−9.2	114	盖尔德纳湖	−9.3
101	塔纳湖	2.2	115	托伦斯湖	−2.9
102	乍得湖	6.5	116	弗罗姆湖	12.5
103	马拉开波湖	1.8	117	麦凯湖	8.0
104	的的喀喀湖	−6.9	118	阿盖尔湖	−8.3

湖泊水位变化情况如下：

1）亚欧大陆共监测湖泊 57 个（表 4.11 中编号 1～57），水位呈下降趋势的有 25 个，水位呈上升趋势的有 32 个。大部分湖泊年均变化率在−20.0～30.0cm/a。水位上升最快的是色林错，年均变化率为 37.7cm/a；水位下降最快的为西南咸海，年均变化率为−43.0cm/a，且下降趋势显著。青藏高原湖区，湖泊水位整体呈明显上升趋势，且 2010 年之后，水位变化相对变得平缓。中亚干旱-半干旱区域，湖泊水位整体呈下降趋势。拉多加湖、奥涅加湖等欧洲的 8 个淡水湖水位呈上升趋势，东亚的湖泊水位则有升有降。

2）北美洲共监测湖泊 31 个（表 4.11 中编号 58～88），水位呈下降趋势的有 9 个，水位呈上升趋势的有 22 个。其中，水位变化最快的是阿马朱瓦克湖，年均变化率为 42.8cm/a。大部分湖泊年均变化率在−10.0～10.0cm/a；整体上，年均变化率不大。大奴湖、阿萨巴斯卡湖、伍拉斯顿湖等多个湖泊年际水位变化平缓，变幅小，水位相对稳定。

3）非洲共监测湖泊 14 个（表 4.11 中编号 89～102），水位呈下降趋势的有 4 个，水位呈上升趋势的有 10 个。湖泊水位年均变化率集中在−10.0～20.0cm/a。其中，图尔卡纳湖水位变化最快，为 15.0cm/a。

4）南美洲共监测湖泊 10 个（表 4.11 中编号 103～112），水位呈下降趋势的有 7 个，水位呈上升趋势的有 3 个，分别为马拉开波湖、延基韦湖和兰科湖。2002～2016 年大部分湖泊水位年均变化率在−20.0～10.0cm/a。兰科湖水位上升最快，年均变化率为 20.5cm/a。

5）大洋洲共监测湖泊 6 个（表 4.11 中编号 113～118），大部分湖泊季节性强，经常出现干涸断流现象。除麦凯湖和弗罗姆湖两个湖泊水位有所上升外，其余 4 个湖泊整体水位均呈下降趋势。2002～2016 年湖泊水位年均变化率在–10.0～30.0cm/a。

2. 水位提取精度验证

利用获取的青海湖、鄱阳湖和北美五大湖的实测水位数据，开展水位提取精度验证。其中，青海湖的实测水位为 2002～2012 年 5～10 月的单天平均水位，据此分别计算高度计数据获得的单天水位与月均水位的精度（表 4.12），结果表明，与实测水位相比，单天水位的均方根误差为 0.185m，相关系数为 0.907，月均水位的均方根误差为 0.177m，相关系数为 0.930。

表 4.12　青海湖水位精度验证

青海湖水位精度验证	均方根误差/m	相关系数	对比点的个数/个
单天水位与实测水位对比	0.185	0.907	170
月均水位与实测水位对比	0.177	0.930	63

与青海湖水位精度验证的方法类似，利用鄱阳湖鄱阳站 2005～2014 年 1～12 月全年单天平均水位进行水位提取精度验证，结果如表 4.13 所示。由于鄱阳湖水位本身变化大且复杂，与青海湖相比，提取水位的精度较低，仅为 0.7m 左右。

表 4.13　鄱阳湖水位精度验证

鄱阳湖水位精度验证	均方根误差/m	相关系数	对比点的个数/个
单天水位与实测水位对比	0.872	0.816	243
月均水位与实测水位对比	0.746	0.864	119

利用美国国家海洋和大气管理局网站（NOAA，2016）提供的北美五大湖 2002～2016 年月均水位验证高度计提取的月均水位序列精度（表 4.14），可以看出高度计提取的北美五大湖水位精度较高，达 0.1m 左右。

表 4.14　北美五大湖水位精度验证

编号	湖泊名称	均方根误差/m	相关系数	对比点的个数/个
1	势必利尔湖	0.108	0.878	172
2	密歇根湖	0.147	0.858	172
3	休伦湖	0.090	0.945	171
4	伊利湖	0.133	0.808	171
5	安大略湖	0.104	0.910	172

4.3.4　小结

湖泊水位是反映区域和全球环境变化的重要指标。本节基于 ENVISAT/RA-2、

Cryosat-2/SIRAL、Jason-2 三种星载雷达高度计的 GDR 数据，提取了 118 个全球面积大于 400km² 的湖泊 2002～2016 年的单天水位、月均水位和年均水位变化数据，并分别利用青海湖、鄱阳湖和北美五大湖的实测水位进行水位提取精度验证，提取精度可达分米至厘米级。在此基础上，利用简单线性回归方法，计算了每个湖泊 2002～2016 年水位年均变化率，分析了不同区域湖泊的变化情况。

4.4　本　章　小　结

本章利用星载雷达高度计分别监测了青藏高原湖泊、全国主要湖泊和全球面积大于 400km² 湖泊的水位变化，并分别介绍了在这些区域使用的数据源及其开展湖泊水位变化的方法，分析了全国湖泊水位变化的特点，同时分区域分析了全球主要湖泊水位变化的特点。

参 考 文 献

高乐. 2014. 基于卫星测高技术的青藏高原湖泊水位和冰川高程变化监测研究. 北京: 中国科学院研究生院(遥感与数字地球研究所)博士学位论文.

高乐, 廖静娟, 刘焕玲, 等. 2013. 卫星雷达测高的应用现状及发展趋势. 遥感技术与应用, 28(6): 978-983.

高永刚, 郭金运, 岳建平. 2008. 卫星测高在陆地湖泊水位变化监测中的应用. 测绘科学, 6: 29, 73-75.

何平. 1995. 剔除测量数据中异常值的若干方法. 计测技术, (1): 19-22.

姜卫平, 褚永海, 李建成, 等. 2008. 利用 ENVISAT 测高数据监测青海湖水位变化. 武汉大学学报(信息科学版), 33(1): 64-67.

李均力, 陈曦, 包安明. 2011. 2003-2009 年中亚地区湖泊水位变化的时空特征. 地理学报, 66(9): 1219-1229.

刘元波, 吴桂平, 柯长青, 等. 2016. 水文遥感. 北京: 科学出版社.

施雅风. 1990. 山地冰川与湖泊萎缩所指示的亚洲中部气候干暖化趋势与未来展望. 地理学报, 45(1): 1-86.

万玮, 肖鹏峰, 冯学智, 等. 2014. 卫星遥感监测近 30 年来青藏高原湖泊变化. 科学通报, 8(8): 701-714.

王苏民, 窦鸿身. 1998. 中国湖泊志. 北京: 科学出版社.

杨乐. 2009. 卫星雷达高度计在中国近海及高海况下遥感反演算法研究. 南京: 南京理工大学博士学位论文.

杨元喜. 2006. 自适应动态导航定位. 北京: 测绘出版社.

张国庆. 2018. 青藏高原湖泊变化遥感监测及其对气候变化的响应研究进展. 地理科学进展, 37(2): 214-223.

张鑫, 吴艳红, 张鑫. 2015. 基于多源卫星测高数据的扎日南木错水位动态变化(1992—2012 年). 自然资源学报, 30(7): 1153-1162.

张镱锂, 李炳元, 郑度. 2002. 论青藏高原范围与面积. 地理研究, 21(1): 1-8.

赵云, 廖静娟, 沈国状, 等. 2017, 卫星测高数据监测青海湖水位变化. 遥感学报, 21(4): 633-644.

Adrian R, O'Reilly C M, Zagarese H, et al. 2009. Lakes as sentinels of climate change. Limnology & Oceanography, 54(6): 2283-2297.

Bhang K J, Schwartz F W, Braun A. 2007. Verification of the vertical error in C-band SRTM DEM using ICESat and Landsat-7, Otter Tail County, MN. IEEE Transactions on Geoscience & Remote Sensing,

45(1): 36-44.

Bian D, Bian B, La B, et al. 2010. The response of water level of Selin Co to climate change during 1975–2008. Acta Geographica Sinica, 65(3): 313-319.

Birkett C M. 1995. The contribution of TOPEX/Poseidon to the global monitoring of climatically sensitive lakes. Journal of Geophysical Research Atmospheres, 100(C12): 25179-25204.

Crétaux J F, Abarca-Del-Río R, Bergé-Nguyen M, et al. 2016. Lake volume monitoring from space. Surveys in Geophysics, 37(2): 269-305.

Crétaux J F, Jelinski W, Calmant S, et al. 2011. SOLS: a lake database to monitor in the near real time water level and storage variations from remote sensing data. Advances in Space Research, 47(9): 1497-1507.

Frappart F, Calmant S, Cauhopé M, et al. 2006. Preliminary results of Envisat RA-2-derived water levels validation over the Amazon basin. Remote Sensing of Environment, 100: 252-264.

Gao L, Liao J, Shen G. 2013. Monitoring lake-level changes in the Qinghai-Tibetan Plateau using radar altimeter data(2002–2012). Journal of Applied Remote Sensing, 7(1): 8628-8652.

Gong P. 2012. Remote sensing of environmental changes over China, a review. Chinese Science Bulletin, 57: 2793-2801.

Guo J Y, Sun J L, Chang X T, et al. 2010. Water level variation of Bosten Lake monitored with TOPEX/Poseidon and its correlation with NINO3 SST. Acta Geodaetica Et Cartographica Sinica, 39(3): 221-226.

Hwang C, Cheng Y, Han J, et al. 2016. Multi-decadal monitoring of lake level changes in the Qinghai-Tibet Plateau by the TOPEXPoseidon-Family altimeters climate implication. Remote Sensing, 8: 446.

Jiang L, Nielsen K, Andersen O B, et al. 2017. Monitoring recent lake level variations on the Tibetan Plateau using Cryosat-2 SARIn mode data. Journal of Hydrology, 544: 109-124.

Kleinherenbrink M, Ditmar P G, Lindenbergh R C. 2014. Retracking Cryosat data in the SARIn mode and robust lake level extraction. Remote Sensing of Environment, 152: 38-50.

Kropáček J, Braun A, Kang S, et al. 2012. Analysis of lake level changes in Nam Co in central Tibet utilizing synergistic satellite altimetry and optical imagery. International Journal of Applied Earth Observation and Geoinformation, 17(7): 3-11.

Kropáček J, Braun A, Kang S C, et al. 2011. Analysis of lake level changes in Nam Co in central Tibet utilizing synergistic satellite altimetry and optical imagery. International Journal of Applied Earth Observations & Geoinformation, 17: 3-11.

Lee H, Shum C K, Tseng K H, et al. 2011. Present-day lake level variation from Envisat altimetry over the northeastern Qinghai-Tibetan Plateau: links with precipitation and temperature. Terrestrial Atmospheric & Oceanic Sciences, 22(2): 169-175.

Liao J, Gao L, Wang X. 2014. Numerical simulation and forecasting of water level for Qinghai Lake using multi-altimeter data between 2002 and 2012. IEEE Journal of Selected Topics in Applied Earth Observations & Remote Sensing, 7(7): 609-622.

Liao J, Shen G, Li Y. 2013. Lake variations in response to climate change in the Tibetan Plateau in the past 40 years. International Journal of Digital Earth, 6(6): 539-549.

Morris C S, Gill S K. 1994. Evaluation of the TOPEX/Poseidon altimeter system over the Great Lakes. Journal of Geophysical Research Oceans, 99(C12): 24527-24539.

NOAA. 2016. Great Lakes Environmental Research Laboratory. https: //www.glerl.noaa.gov//data/dashboard/GLWLD.html[2017-03-15].

NSIDC. 2012. The transformation between T/P ellipsoid and WGS84. ftp://sidads.colorado.edu/pub/DATASETS/icesat/tools/idl/ellipsoid/README_ellipsoid.txt[2012-12-20].

Phan V H, Lindenbergh R, Menenti M. 2012. ICESat derived elevation changes of Tibetan lakes between 2003 and 2009. International Journal of Applied Earth Observation and Geoinformation, 17(7): 12-22.

Pritchard, Hamish D. 2017. Addendum: editorial expression of concern: Asia's glaciers are a regionally important buffer against drought. Nature, 545: 169-174.

Qiu J. 2008. China: the third pole. Nature, 454(7203): 393-396.

Schindler D W. 2009. Lakes as sentinels and integrators for the effects of climate change on watersheds, airsheds, and landscapes. Limnology & Oceanography, 54(6_part_2): 2349-2358.

Song C, Huang B, Ke L, et al. 2014. Seasonal and abrupt changes in the water level of closed lakes on the Tibetan Plateau and implications for climate impacts. Journal of Hydrology, 514: 131-144.

Song C, Ye Q, Cheng X. 2015. Shifts in water-level variation of Namco in the central Tibetan Plateau from ICESat and CryoSat-2 altimetry and station observations. Science China, 60(14): 1287-1297.

Wan W, Long D, Hong Y, et al. 2015. A lake data set for the Tibetan Plateau from the 1960s, 2005, and 2014. Nature Scientific Data, 3(3): 1-13.

Wu G, Liu Y, Wang T, et al. 2007. The influence of mechanical and thermal forcing by the Tibetan Plateau on Asian climate. Journal of Hydrometeorology, 8(4): 205-208.

Wu Y, Zheng H, Zhang B, et al. 2014. Long-term changes of lake level and water budget in the Nam Co Lake basin, central Tibetan Plateau. Journal of Hydrometeorology, 15(3): 1312-1322.

Yao T, Thompson L G, Mosbrugger V, et al. 2012. Third Pole Environment(TPE). Environmental Development, 3(1): 52-64.

Ye Q H, Zhu L P, Zheng H P, et al. 2007. Glacier and lake variations in the Yamzhog Yumco basin, southern Tibetan Plateau, from 1980 to 2000 using remote-sensing and GIS technologies. Journal of Glaciology, 53(183): 673-676.

Zhang G, Xie H, Kang S, et al. 2011a. Monitoring lake level changes on the Tibetan Plateau using ICESat altimetry data(2003-2009). Remote Sensing of Environment, 115(7): 1733-1742.

Zhang G, Xie H, Duan S, et al. 2011b. Water level variation of Lake Qinghai from satellite and in situ measurements under climate change. Journal of Applied Remote Sensing, 5: 053532.

Zhang G, Zhao L, Xu F, et al. 2010. Study on basin partition scheme of China based on basin structure analysis. Journal of Beijing Normal University(Natural Science), 46(3): 417-423.

第5章 星载雷达高度计冰盖高程变化监测

5.1 概　　述

冰盖，又称大陆冰川，是覆盖广大陆地表面的极厚冰川。全球有南极和格陵兰两个大冰盖，覆盖了10%的地球陆地面积，占全球冰川总量的99%，并赋存全球77%的淡水资源。其中，格陵兰冰盖形成于第四纪，大部分位于北极圈内，全岛面积为218万 km^2，是世界最大的岛屿，冰盖平均厚度为1800m，冰量约 $3\times10^6 km^3$，占世界冰量的7%～9%，它由南北两个穹形冰盖连接而成，冰盖边缘一直延伸到海边，许多冰川的冰舌伸向海面，在峡湾中形成许多冰山。南极冰盖大约是格陵兰冰盖的10倍大，平均厚度为2400m，冰量为 $29\times10^6 km^3$。南极内陆冰盖是典型的极地大陆性冰川，沿海地带和南极半岛具有极地海洋性冰川特性。南极冰盖的12%位于西半球，其地下2500m位于海平面以下。如果南极冰盖完全融化，地球海面将升高80m左右（Zwally and Brenner，2001）。

冰盖大部分表面为积雪，一般新雪被风或其他作用压实成积雪，积雪再进一步被上层积雪压实成固态冰，这种冰密度约0.92，厚50～100m。在1/100的地面坡度处冰盖的厚度可超过几百米，在重力作用下产生变形并流向低处，在冰盖边缘融化成冰流入海洋，形成冰山。冰盖物质平衡的物质输入和输出表现不同，整个平衡过程包括表面物质平衡和冰流动。物质通过降雪、凝固和偶尔的降雨添加到冰盖表面，通过蒸发、表面和边缘融化、径流和冰山崩塌迁移出冰盖。冰盖平衡线为固定冰盖和消融冰架的分界，在格陵兰岛南部，平衡线高程约1800m，而在北部下降到300m。大约1/3的堆积带表面常年保持干旱和冻结状况，其余2/3地区则出现间隙式融化。南极冰盖的平衡线临近海平面，因此整个冰盖处于消融状态的面积不到1%。冰盖外围发育有面积为150多万平方千米的陆缘冰，主要有罗斯冰架、菲尔希纳冰架和埃默里冰架等。在内陆冰盖的补给和推动下，冰架边缘不断崩塌出大量的平顶冰山。

约25%的冰盖物质平衡处于未知状态（Warrick et al.，1995），这些物质平衡应带来海平面每年约 2mm 的升高或下降。欧洲空间局和美国国家航空航天局合作的冰盖物质平衡内部对比实验团队（ice sheet mass balance inter-comparison exercise，IMBIE）利用多种卫星（高度计、重力卫星等）观测和模型模拟结合，估算了南极冰盖1992～2017年物质平衡，得出南极冰盖表面物质平衡失去的量为（272±139）亿t，导致海平面平均升高（7.6±3.9）mm（IMBIE 团队，2018）。

利用星载雷达高度计进行冰盖地形制图的构想始于20世纪60年代（Robin，1966），但利用第一颗海洋星载雷达高度计 GEOS-3 首次实现对 65°N 以南的格陵兰冰盖南端的制图却在十多年后（Brooks et al.，1978），在此之后，利用 Seasat 实现了对格陵兰岛 72.2°N 以南区域的制图和对南极冰盖 72.2°S 地区的制图（Zwally et al.，1983）。1987 年，Zwally 等利用 Geosat 对同纬度地区进行了制图（Zwally et al.，1987a）。90 年代 ERS-

1/2 将冰盖表面的测绘制图延伸到南北纬 81.5°（Bamber，1994a；Ekholm，1996；Bamber and Bindschadler，1997；Phillips，1998），表明星载雷达高度计能对冰盖表面高程进行精确测量。

星载雷达高度计的测量精度虽然受冰盖表面地形坡度的影响，但对相对平坦的冰架测量影响较小，测量精度相对较高，如 Phillips 等（1998）利用 ERS 雷达高度计测量了南极东部的埃默里冰架，并与地面 GPS 测量结果比较，发现二者平均差为（0.0±0.1）m，均方根误差为 1.7m。因此，星载雷达高度计的重要应用之一就是通过测量冰盖表面高程的变化，探究冰盖的物质平衡（Zwally，1975）。卫星持续观测处于相同的位置，地面坡度的绝对精度主要为重复测量，因此高程变化测量的相对精度是相对较高的，比绝对精度高 5～10 倍。但是，轨道相交的高程差必须平均处理，且轨道的系统误差、延时和其他因素也必须考虑。例如，Zwally 等（1989）研究发现格陵兰冰盖 72°N 以南的高程呈增加趋势，但随后的研究又显示为减少（Davis et al.，1998a，1998b；Zwally et al.，1998），其原因就是考虑了轨道的系统误差和延时。Lingle 等（1994）、Lingele 和 Covey（1998）开展了冰架和冰盖高程变化的研究，Wingham 等（1998）研究发现南极冰盖内部高程在 1992～1996 年每年下降（0.9±0.5）cm。

此外，利用星载雷达高度计进行地形制图，并通过地形图提取详细的地面坡度，可提供冰流的方向、冰川分界和流域盆地的位置，以及驱动冰川活动的应力方向和大小。利用 Thomas 等（1983）提出的技术，Zwally 等（1987b）不仅对冰架前缘的位置和冰川边缘进行了制图，还对流动冰架和冰盖之间的地面线进行了制图（Herzfeld et al.，1994；Phillip，1998）。另外，星载雷达高度计还可探测冰盖表面积雪的粗糙度和体散射特征的变化信息，以及冰盖表面融化流动的信息等（Partington et al.，1989；Davis and Zwally，1993；Legresy and Remy，1998；Phillips，1998）。

5.2　冰盖高程测量

高度计测量冰盖高程明显不同于测量海面高程。这是由于冰盖表面具有自然的坡度，雷达信号会对冰盖表面的积雪和表面地形起伏产生穿透和反射，从而导致信号改变。冰盖表面的风吹雪会引起小尺度的位移,冰流经过起伏的基岩地形则引起几十米到几千米,甚至几十千米的大尺度起伏变化，且漂流的雪沉积下来也会引起同样的变化。冰盖高程沿轨方向的变化和高度计脉冲到达冰盖表面相应的距离变化受以下几个因素的影响：冰盖表面高度计足迹点的测量位置发生模糊，与海洋表面测量不同，足迹点的测量位置不再是星下点；脉冲平均周期的距离变化取决于轨道环绕的能力，轨道环绕可加宽波形，改变脉冲之间的距离估测，引起距离估测的误差；雷达信号对地表的穿透和地物内部的体散射能引起高度计波形的不规则变化，以致很难识别出波形前缘的中心点；高程变化引起波形前缘中心点偏移，使重跟踪的距离校正从几厘米变成几十米，如果距离变化超过高度计保持的波形窗口，则高度计不能正常测量。

5.2.1　地表坡度和地形起伏影响

冰盖表面测量时大地位置的不确定能引起最大的高程误差，如图 5.1 所示，坡度为

α的平滑表面，对应星下点的垂直位移ΔH可表示为

$$\Delta H = H(1-\cos\alpha) \approx \frac{H\alpha^2}{2} \tag{5.1}$$

式中，H是卫星的高度，水平位移是

$$\delta = H\cos\alpha\sin\alpha \tag{5.2}$$

对于坡度为0.5°及正常的卫星高度，ΔH为30m，并且靠近冰盖边缘增加到100m以上。

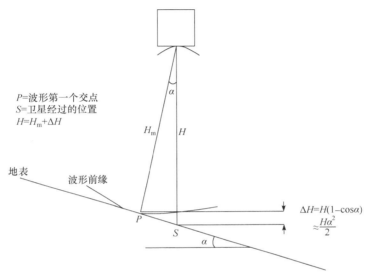

P=波形第一个交点
S=卫星经过的位置
$H=H_m+\Delta H$

图5.1 平坦地面的坡度（坡度为α）产生的误差描述（Zwally and Brenner，2001）

Gundestrup等（1986）展示了在格陵兰冰盖上高度计反射位置沿轨变化的情况（图5.2），当高度计轨迹从卫星地面轨迹变到坡上最近点时，轨迹没有变成波谷或波峰。因此，没有地表地形的先验知识，不可能确定最初反射的地表位置。校正坡度引起的误差，困难在于有限波束足迹点发生改变，导致很难选择合适的α。同时，坡度在卫星沿轨和交轨方向均发生改变，任何剖面均可用于估测沿轨α，但精确估测交轨α的剖面必须具有密集的轨迹。

目前,已经发展了多种不同的方法校正坡度引起的误差,包括基于地形已知的水平测量位移重定位方法（Brenner et al.，1983；Bamber，1994b；Stenoien and

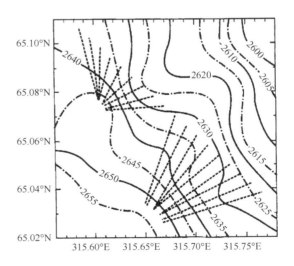

图5.2 南格陵兰Dye-3站附近Seasat高度计反射位置沿轨变化（Gundestrup et al.，1986）

Bentley，1997），在卫星过境位置直接利用α（Brenner et al.，1983）或间接利用α的方法等（Remy et al.，1989）。上述方法都必须已知地形才能校正坡度，且校正精度有限。

5.2.2 穿透和次地表体散射影响

波形模型常常假设观测到的雷达反射仅形成地表的散射回波，然而 Davis 和 Poznyak（1993）研究发现在寒冷、干旱地区微波高度计的穿透深度至少可达 4.7m。因此，Ridley 和 Partington（1988）指出，冰盖的雷达回波由地表散射和次地表体散射组成。雷达信号穿透地表的同时也产生体散射（图 5.3），随着地表散射的增加，到末端出现拐点，且平均地形高程对应于地表回波的中点。穿透和体散射影响高度计估测地表高程的精度，且对波形重跟踪方法有很大的依赖性。

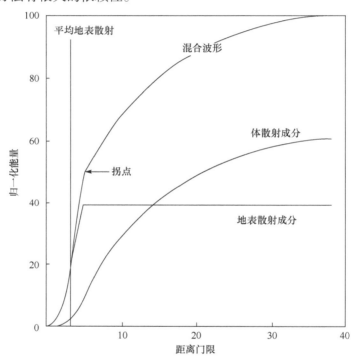

图 5.3　理想模式的冰盖回波主要成分（Ridley and Partington，1988）

体散射的强度取决于积雪颗粒的大小，体散射在积雪融化区最大，而在具有最大堆积速率的寒冷区最小（Zwally，1977）。积雪颗粒越大，体散射越强。穿透越小，伴随地表回波的体散射成分越难区分。体散射越弱，穿透越深，对回波波形的影响越大。

5.2.3 波形拟合和重跟踪

目前，有多种方法可用于高度计冰盖测量数据的重跟踪（Martin et al.，1983；Wingham et al.，1986；Zwally et al.，1994；Bamber，1994b；Davis，1996），这些方法可归为阈值重跟踪法和函数拟合重跟踪法两类，且各有优缺点。阈值重跟踪法是最简单的方法，它将超过相应噪声水平的波形的最大功率比定义为重跟踪点。但当该方法给定阈值的轨迹点与高度计足迹点内的平均地表高程关联时，重跟踪点会随着地表和次地表的散射特征而改变；即使选定的阈值能减少次地表散射的影响，但自动选择阈值作为地表散射的函数也是不合实际的（Davis，1997）。如果地表散射的波形占主要，也仅有50%的阈值能代表平均地表高程，而且随着相应地表回波体散射信号的增加，仅有10%或20%的阈值能代表平均地表高程。

函数拟合重跟踪法既有纯粹的地表散射模型（Martin et al.，1983），又有地表散射模型和体散射模型（Davis，1993；Newkirk and Brown，1996；Yi and Bentley，1994，1996）。体散射模型对单斜回波的地表表现较好，但计算较难，无法考虑较为普遍的双斜波形。Martin 等（1983）使用的模型被改进作为 β 参数重跟踪法的参考。该模型函数表示的信号为高斯地表高度分布的反射信号，并利用单斜和双斜波形函数，对海洋回波波形进行了重跟踪（Parsons，1979）。

图 5.4 展示了 ERS-1 数据测量南极冰盖的典型结果，着重展示了阈值重跟踪法和函数拟合重跟踪法用于距离校正的差别。图 5.4（a）中黑色表示没有进行波形重跟踪的高

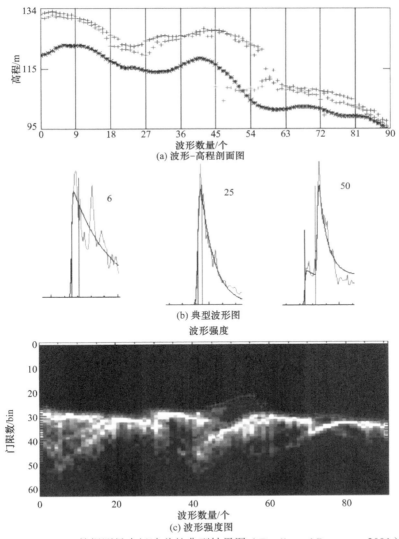

图 5.4　ERS-1 数据测量南极冰盖的典型结果图（Zwally and Brenner，2001）

程剖面，蓝色表示 20%的阈值重构的高程，红色表示对应第一个斜坡 β 参数重跟踪法重跟踪的高程，绿色表示第二个偶然的斜坡。图 5.4（b）显示代表性的波形为单斜和双斜，图中的平滑线是函数拟合的回波，波形重跟踪校正主要计算波形斜坡的中点和跟踪门的差。图 5.4（c）显示了 β 参数重跟踪法在波形强度图上的重跟踪点，灰色标尺表示每个连续波形从顶到底的幅度，并清楚地表示出第二个反射表面脉冲之间的连续性。即使算法不能探测出单个波形中的第二个斜坡，但波形之间的连续性和其抛物线形状也能探测到起伏表面双反射引起的第二个波峰。

在该剖面初始部分，两种波形重跟踪法的偏差相当一致，约 1m，波形为明显的单斜波形，以图 5.4（b）中的波形 6 为例，足迹点的地表粗糙度变化可能引起阈值重跟踪法获取的高程发生变化。靠近波形 25 的区域地表凹凸不平，波形变成后缘波峰衰减的尖峰型。波形 27 处，斜坡坡度最大，相应的偏差增加到约 5m。波形 45 处开始的双峰波形来源于波形 50 显示的两种单独地表。近波形 56 处，剖面中有一个向下的梯度，为近地表衰减信号，而第二个斜坡才是明显代表地表的轨迹。对于阈值重跟踪法，波形 56 过渡到第二处地表出现了突变。

利用阈值重跟踪法和函数拟合重跟踪法分别计算了格陵兰冰盖的高程，并与机载激光雷达数据进行了对比，结果显示 β 参数重跟踪法比阈值重跟踪法或体散射模型和表面散射模型获得的结果偏差小，但在冰盖融化带会产生较多噪声（Ferraro and Swift, 1995）。β 参数重跟踪法对穿透作用和次地表体散射的影响不敏感，因此体散射出现时，相比阈值重跟踪法能获得更精确的结果。这种不敏感源于双斜坡函数拟合了许多具有较强体散射的回波，这些体散射回波产生于地表回波和体散射成分之间近拐点处的第二个斜坡前缘，故第一个斜坡校正的中点就代表了地表的距离（Ridley and Partington, 1988）。

表 5.1 显示了 Geosat 在格陵兰冰盖的不同方法获取的高程，其中 20%的阈值重跟踪法最接近函数拟合重跟踪法，但有明显的偏差，在高原区域为 19cm，在消融带为 88cm。10%的阈值重跟踪法偏差较大，从高原区到消融区，偏差变化从 62cm 达到 2.87m。10%和 20%的阈值重跟踪法得到的高程值均比函数拟合重跟踪法得到的大，而 50%的阈值重跟踪法得到的高程则明显偏低。

表 5.1　格陵兰冰盖高程函数拟合和阈值重跟踪法校正差值（Zwally and Brenner, 2001）

格陵兰高程范围 /m	平均坡度/ （°）	β 参数重跟踪法和三种阈值重跟踪法之间的校正差值/m					
		β 参数重跟踪法-10%的阈值重跟踪法		β 参数重跟踪法-20%的阈值重跟踪法		β 参数重跟踪法-50%的阈值重跟踪法	
		平均值	标准差	平均值	标准差	平均值	标准差
<700		1.00	1.60	0.32	1.30	−0.90	1.92
700～1200	0.64	2.87	2.84	0.88	2.64	−2.51	3.08
1200～1700	0.54	2.56	2.63	0.53	2.32	−3.52	2.79
1700～2200	0.36	1.82	2.22	0.33	1.85	−3.01	2.63
2200～2700	0.25	1.10	1.47	0.19	1.22	−2.41	2.27
>2700	0.15	0.62	0.69	0.19	0.60	−1.62	1.57

Davis（1997）研究发现，10%的阈值重跟踪法与β参数重跟踪法相比，其差值的标准差比β参数重跟踪法低30%～35%。利用函数拟合重跟踪法，根据波形的轻微差别，交叉对比中的一些测量值可用双斜坡函数重跟踪，而另一些测量值可用单斜坡函数重跟踪，因而阈值重跟踪法获取高程变化表现较好。虽然阈值重跟踪法与平均地表高程具有可变的关系，但却得到了较多的重复高程。

5.2.4　基于星载雷达高度计数据的冰盖高程监测

利用雷达高度计观测格陵兰和南极冰盖始于20世纪80年代发射的Seasat卫星，但第一个观测冰盖的极轨卫星是1991年发射的ERS-1，随后是1995年发射的ERS-2和2002年发射的ENVISAT。自此，Cryosat-2、SARAL和ICESat均被用于冰盖调查。表5.2总结了不同高度计卫星监测极地冰盖高程的时间跨度、地表覆盖范围和监测精度等信息。从表中可见，GEOS-C（1975～1978年）可覆盖到格陵兰65°N的南端，但测量精度只有2m。ERS-1/2具有双轨模式，可将覆盖范围延伸到81.5°N，且轨迹保持较好。TOPEX/Poseidon仅能覆盖格陵兰冰盖至66°N的南端，但它为双频高度计，能根据频率进行穿透和体散射影响的研究（Remy et al.，1996）。

表 5.2　测高技术测量极地冰盖的任务要求（Zwally and Brenner，2001）

卫星	工作时间	地面空间覆盖范围	赤道处地面轨道间距/km	冰盖测量精度/cm	波束足迹点直径/km
GEOS-C	1975～1978年	±65°N	可变	>200	38.1
Seasat	1978年7～10月	±72°N	163	>40	22.3
Geosat/GM	1985年4月至1986年9月	±72°N	13.6	>40	29.3
Geosat/ERM	1986年11月至1989年12月	±72°N	163	>40	29.3
ERS-1/GM	1994年5月至1995年4月	±81.5°N	8.5	>73（冰模式）	16.2
ERS-1/ERM	1991年8月至1994年5月	±81.5°N	79	>40（海洋模式）	16.2
	1995年4月至1996年7月			>73（冰模式）	
TOPEX/Poseidon	1992年8月至2001年	±66°N	275	—	25.6
ERS-2/ERM	1995年4月至2001年	±81.5°N	79	>40（海洋模式） >73（冰模式）	16.2
ENVISAT	2002～2012年	±81.5°N	79	>40（海洋模式） >73（冰模式）	16.2
ICESat（激光雷达）	2003～2009年	±86°N	14.5	15	0.07

1. 静止状态的冰盖地形

冰流顺坡移动，其强度取决于地表坡度和冰川厚度、黏度、密度和压实度。高度计能提供与冰流移动有关的地形信息，故地表地形是冰流模型最相关的因素，同时也是动态变化和气象过程的自然表面。由于基岩上冰川发生形变，地表具有10～20km的地形起伏［图5.5（a）］，且与冰川的黏度有关。从图中可见，冰下湖泊处存在几处平坦光滑的区域，最著名有 ERS-1 证实的沃斯托克湖。冰流在湖面不会变形，但会随水流动，故地形平坦光滑。由于纵向挤压，在湖周围基岩和水交界处可产生冰粒。这些湖排列成行，具有几千米规模，如果叠加在地形等高线图上，能看到较好的一致性，因此利用地形能探测到水网。

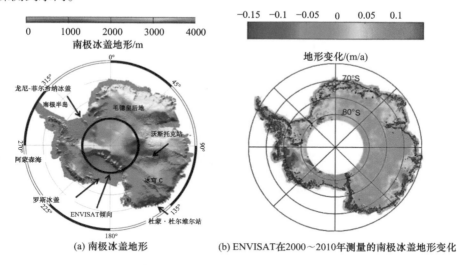

图 5.5　南极冰盖地形及变化（Frappart et al.，2017）

2. 冰盖地形变化及驱动力

地形的所有变化都不会直接关联冰川的物质平衡。例如，观测到几个湖泊的外流状况，尤其在特雷·阿德利（Terre Adelie）湖，由于湖泊沿坡度向下依次填充空隙出现排空，可观察到地表以相应方式扩展而产生异常变化。除此之外，该例子也引出了方法问题，如果剔除这种显示大范围孤立变化的数据，则会移除这些局部信息，也就不能利用这些异常数据来估算冰川体积变化。因此，必须基于这些数据来估算冰川体积的变化，图 5.5（b）显示了利用 2002～2010 年 ENVISAT 数据进行制图，得到的南极冰盖地形变化状况。

冰盖受重力胁迫沿地形坡度流动，驱动力与地形坡度大小相关，作用在冰川上的剪切应力 τ_b 可表示如下：

$$\tau_b = \rho g h \sin \alpha \tag{5.3}$$

式中，ρ 是密度（920kg/m³）；g 是重力加速度（9.81m/s²）；h 是冰川厚度（m）；α 是地表坡度。对于较小基底坡度的冰盖，倾斜基底的影响可以忽略。剪切应力又叫驱动应力，与冰川底部的基础阻力相平衡。由于地表起伏较小，冰盖下的基岩基底对冰流没有明显影响，因此对式（5.3）求导得到的地表坡度是冰盖厚度的平均。

图 5.6 为东南极地区的地表坡度矢量图，坡度矢量由边长为 5km 的正方形确定，并通过 100m 递增的高程等高线获取的信息进行增强。矢量分布可用于刻画流域分水岭，并能探测或确定冰川底下融化区域的大致界限。图 5.6 东半部分（上部）可见沿山脊分布的埃默里冰架流域系统的部分分水岭，且该山脊一直延伸到阿尔戈斯冰穹的北北东方向（延伸到该图外，中心约为 81°S，78°E）。东半部分（下部）可见低坡度地区的矢量方位具有随机性（靠近沃斯托克站 77°S，105°E 处），为 Oswald 和 Robin

（1973）利用机载雷达回波证实的大量冰下湖泊。Remy 和 Minster（1997）也利用 ERS-1 数据生成了南极冰盖地形，并据此分析了横穿坡度方向的冰川地表曲率与冰流的相关关系，得出冰流流线随着坡度减小而减少，并在近海岸带区域出现与基岩特征相关的冰流异常。

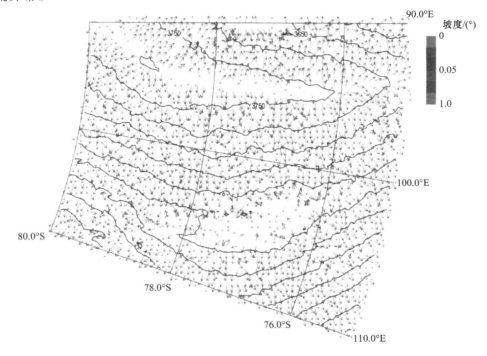

图 5.6　东南极地区坡度矢量图（Zwally and Brenner，2001）

利用机载雷达测量获取了格陵兰冰盖的基础高程，并获得了冰盖厚度。通过式（5.3）得到了冰盖剪切应力 τ_b 图（图 5.7）。由于坡度图的格网是 5km，故地表坡度的平均距离比冰川厚度大 1.5 倍。基岩地形数据具有较大比例尺（>100km），冰川厚度是利用地形数据平滑了 10 次得到的水平距离，故会影响剪切应力的大小，但不影响方向。因此，利用比例尺为 5km 的剪切应力对冰流进行制图，可保持基岩起伏引起的流向偏差。即使将 τ_b 的坡度平滑为 5km 比例尺，厚度平滑为更大比例尺，这种情况下地表坡度起伏的变化仍大于冰川厚度的变化，因此剪切应力的大小和方向在小尺度地表起伏时均有改变。

根据冰川的应力–形变关系，可利用剪切应力得到冰流速度，如 Glen 流动法则给出的冰川应变率为

$$\varepsilon = A\tau^n \tag{5.4}$$

式中，n 为常数，取值为 $1\sim\infty$，表示冰川从黏性流动向完全塑性流动过渡；A 与冰川温度、结构、杂质等其他因素有关。在一般情况下，冰川形变性能介于黏性流动和完全塑性流动之间，各种研究使用的 n 值为 $1.5\sim4$。如果假设冰川为完全塑性且各处厚度均一，则基底冰盖的应力等于剪切应力 τ_b，冰盖高度剖面可以用抛物线描述：

剪切应力/kPa

图 5.7 卫星测高得到的格陵兰地表地形基底剪切应力和机载雷达探测得到的基底地形

$$h = \left[\frac{2\tau_b}{\rho g}(L-x) \right]^{\frac{1}{2}} \qquad (5.5)$$

式中，L 是冰盖边缘到中心的距离；x 是从中心向外的距离；g 是重力加速度。利用 $\tau_b = 100\text{kPa}$ 和 $L=450\text{km}$，可以得到最大高度为 3160m，正好约为格陵兰的中心部分（Paterson，1994）。Reeh（1982）利用塑性冰川流变三维方程解析计算了格陵兰冰盖的三维地形，得到了较好的冰川流动模式、冰川分离和主要冰流的信息。

图 5.7 为格陵兰剪切应力 τ_b 图，具有 55kPa 峰值分布，为通常冰川应力 100kPa 的 1/2，该峰值分布的尾部仅仅有 15% 的值在 100kPa 之上。Reeh（1982）认为沿流线的基底剪切应力平均值变化范围在 50～150kPa，与堆积速率和基底冰川温度有关，而计算值偏低，范围从接近冰川分离的 20kPa，过渡到多数区域边缘过渡的 100～150kPa。

总之，高度计是了解冰盖变化的合适传感器，能估测冰流速度，探测冰下湖泊和纵向压实等物理过程，同时也是估算冰川物质平衡，探索冰盖变化原因和冰川消融的有力工具。

5.3 冰盖边缘测量

Thomas 等（1983）利用斜距技术对南极岸线进行了制图。该技术源于高度计经过冰盖前缘后持续进行的斜距测量和对海冰产生的较高反射，以及沿冰盖前缘最临近海冰处进行的倾斜距离测量。在测量斜距时，卫星经过冰盖边缘后高程有明显降低（图 5.8），这种降低是由于背向海冰的斜距比大地水准面上的卫星高，高度计不能探测到高约 40m 冰盖前缘的高程突变，故仅测量到斜距，而且海冰信号也在距离门限窗口之外，比冰盖上积雪漫反射的回波强。

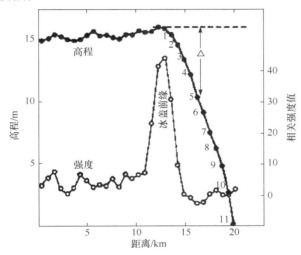

图 5.8　冰盖边缘的波形信号强度（空心圆）和地表高程（Zwally and Brenner，2001）

图 5.8 显示了卫星经过冰盖边缘时高度计测量到的波形信号强度和地表高程变化，数据点 1～11 显示出地表高程比大地水准面低，海冰附近的斜距测量结果随着卫星向冰盖内陆移动。随着距离的增加，高程明显降低。卫星经过的每个位置对应 11 个数据点，这些点到冰盖前缘的距离 X 可用如下关系得到：

$$E^2 + X^2 = R^2 \tag{5.6}$$

式中，E 是大地水准面上卫星的高度（为 800km）；R 是卫星到海冰的斜距，明显降低的地面高程定义为 $\Delta = R - E$。由于 $E \gg \Delta$，故式（5.6）可简化为

$$X \approx (2E\Delta)^{\frac{1}{2}} \tag{5.7}$$

针对这 11 个数据点解式（5.7）可得到一套半径为 X 的圆，圆中心为卫星经过的位置（图 5.9），最接近卫星过境点的冰盖前缘位置位于圆的某处，这些圆交集的中点为边缘的平均反射点。每个交叉处出现左右双关的"V"型两臂，为两个冰盖边缘的镜像。在大多数情况下，当几个轨迹的结果能分开，且部分重叠的"V"的两臂可用一种方式排列时，则左右双关可解。对准这些"V"可对冰盖前缘位置镜像制图（Zwally et al.，1987b）。图 5.10 显示了利用 Seasat（1978 年）、Geosat（1985～1986 年）和 ERS-1（1994～1995年）数据获得的埃默里冰盖变化，这些变化来自埃默里和其他南极冰盖的冰山定期分离，

并重建了根据峡湾地面边缘定义的冰盖前缘。

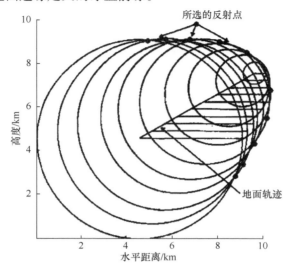

图 5.9　每个圆显示的单个反射位置及圆交叉显示的可能反射点（Zwally and Brenner，2001）

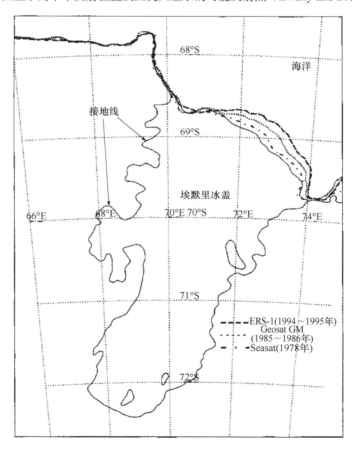

图 5.10　利用 Seasat、Geosat 和 ERS-1 雷达高度计测量的埃默里冰盖变化
（Zwally and Brenner，2001）

5.4 冰盖高程变化与物质平衡

研究冰盖物质平衡的传统方法主要是考察物质出入量的差,这些定量方法误差较大,明显的可达 25%左右(Warrick et al., 1995; Giovinetto and Zwally, 1995)。由于冰川厚度变化和物质平衡有关,故地表高程变化可确定整个冰盖的物质平衡(Zwally, 1994; Davis et al., 1998a; Wingham et al., 1998)。地表高程变化等于冰盖厚度变化减去基岩垂直运动变化,这种垂直运动主要由地壳冰川物质长期变化引起的均衡调整产生。

地表高程变化通过高程差($dH_{12} = H_2 - H_1$)获得,该高程差由卫星在连续时间 t_1 和 t_2 经过的路径相交的交叉位置测量得到(Zwally et al., 1989)。每个 dH_{12} 的测量误差通常比实际高程变化大,因此必须平均$(dH_{12})_i$ 的 N 值来减少 $\sqrt{N}$ 平均的误差。利用收敛 2-σ 编辑法交叉分析,估算出高度计测量精度范围为 0.3m 到几米,并且测量精度与高程变化和地表坡度有关。

利用几种方法可分析$(dH_{12})_k$,并得到平均垂向速度。长间隔法适合两个时间间隔(dt)较长的测量, $dH/dt = [\sum(dH_{12})_k]/Ndt$。Zwally 等(1989)和 Davis 等(1998a, 1998b)分别利用 7~11 年的 Seasat-Geosat 数据分析了长间隔法。Zwally 等(1989)通过升轨–降轨平均差和降轨–升轨平均差进行平均,得到了升轨测量的高程 A_2 对应降轨测量的高程 D_1 的可能偏差,表示为

$$dH_{12} = \frac{\dfrac{1}{N_{12}}\sum(A_2 - D_1)_k + \dfrac{1}{M_{12}}\sum(D_2 - A_1)_k}{2} \tag{5.8}$$

式中,dH_{12} 是时间 t_1 和随后的 t_2 之间的平均高程变化;N_{12} 是 t_2 时升轨通过和 t_1 时降轨通过之间的交叉点数;M_{12} 是 t_2 时降轨通过和 t_1 时升轨通过之间的交叉点数;A_1、D_1 分别为 t_1 时降轨和升轨测量的高程;A_2、D_2 分别为 t_2 时升轨和降轨测量的高程。假设每个 $(A_i)_k$ 和 $(D_i)_k$ 分别有一个偏差 a_k 和 d_k,则其平均值 a 和 d 在式(5.8)中能消除,这样升轨–降轨($A\text{-}D$)的偏差为

$$B_{12} = \frac{\dfrac{1}{N_{12}}\sum(A_2 - D_1)_k + \dfrac{1}{M_{12}}\sum(D_2 - A_1)_k}{2} = a - d \tag{5.9}$$

对于卫星之间的对比,t_2 是一个具有偏差 $A\text{-}D$ 的卫星 b_G,t_1 是另一个具有偏差 $A\text{-}D$ 的卫星 b_S,两个卫星的相关偏差 $A\text{-}D$ 为

$$2B_{12} = b_G + b_S \tag{5.10}$$

引起 $A\text{-}D$ 偏差的原因是,轨道计算带来的误差及轨道坡度与地表坡度相互作用带来的沿轨定时误差,也可能是雷达方向测量特性的误差差。利用式(5.8)~式(5.10)分析了早期 Seasat 和 Geosat 数据的偏差,并证实为轨道或定时的误差。

dH/dt 方法适合分析$(dH_{12})_k$,该方法在时间间隔 $(dt_{ij})_k = (t_j - t_i)_k$ 较大,且变化率 dH/dt 为常数时,dH/dt 是$(dH_{ij})_k$ 对 $(dt_{ij})_k$ 的线性拟合。相反,在时间间隔较小,对应 dH/dt 平均误差较大时,对 $(dH/dt)_{ij}$ 值进行简单平均会得到较差的结果。Zwally 等(1989)

使用该方法分析了 Geosat-Geosat 之间的偏差，通过对 $(dH)_k = (H_a - H_d)_k$ 产生时间的点图（ $t_a > t_d$ 或 $t_a < t_d$ ），将 $dt = 0$ 时线性拟合的截距作为 dH 值的 A-D 偏差。

时间系列的高程变化可通过连续的时间间隔 t_i 和 t_j 交叉连续测量得到，以 t_i 和 t_j 均为 30 天为例，则式（5.8）可表示为

$$dH_{ij} = \frac{\dfrac{1}{N_{ij}}\sum(A_j - D_i)_k + \dfrac{1}{M_{ij}}\sum(D_j - A_i)_k}{2} \qquad (5.11)$$

给出时间间隔 t_i 和其后时间间隔 t_j 之间的平均高程 dH_{ij}，则升轨（A-D）偏差为

$$B_{ij} = \frac{\dfrac{1}{N_{ij}}\sum(A_j - D_i)_k - \dfrac{1}{M_{ij}}\sum(D_j - A_i)_k}{2} \qquad (5.12)$$

式（5.12）为时间的函数，则对于 t_1 的高程系列为

$$DS_{1N}(t) = D_{11}(t_1), D_{12}(t_2), D_{13}(t_3), D_{14}(t_4), \cdots, D_{1N}(t_N) \qquad (5.13)$$

这里，

$$D_{ij} \equiv dH_{ij} = \frac{\dfrac{1}{N_{ij}}\sum(A_j - D_i)_k + \dfrac{1}{M_{ij}}\sum(D_j - A_i)_k}{2} \qquad (5.14)$$

式（5.14）为时间 i 和 j 之间的高程变化，且第一项 $D_{11}=0$。Wingham 等（1998）通过 ERS 连续 35 天重轨期间的交叉测量，利用 $dH(t)$ 线性回归估测了高程变化率，分析显示南极西部 105°W 周围的 Thwaities 冰川流域盆地在 1994～1996 年地表有 40cm 的降低。

式（5.14）的 $DS_{1N}(t)$ 仅仅是高程变化的第一个相近系列，是由连续的 $t_1, t_2, \cdots, t_N$ 时期生成的，只是应用了部分已有交叉测量的数据。更综合的 $H(t)$ 方法则基于连续时间系列的 $DS_{iN}(t)$，利用所选区域交叉测量的所有高程差得到。$DS_{iN}(t)$ 系列利用 $D_{11}=0$ 作为所有系列的参考，则综合的系列为

$$H(t) = H_1(t_1), H_2(t_2), H_3(t_3), H_4(t_4), \cdots, H_N(t_N) \qquad (5.15)$$

这里，

$$H_1 = D_{11} = 0, \ H_2 = D_{12}, \ H_3 = \frac{1}{2}[D_{13} + (H_2 + D_{23})], \ H_4 = \frac{1}{3}[D_{14} + (H_2 + D_{24}) + (H_3 + D_{34})], \cdots,$$

$$H_N = \frac{1}{N-1}[D_{1N} + (H_2 + D_{2N}) + \cdots + (H_{N-1} + D_{N-1,N})] \qquad (5.16)$$

每个系列 $DS_{iN}(t)$ 有自己的参考标准 $D_{jj}(t_j)=0$，第二个系列的参考标准 $D_{22}(t_2)=0$ 连接第一个系列的第二个点 $H_2=D_{12}$，第三个点 H_3 就是变量 D_{13} 从 1～3 和第二个值的平均，即变量 H_2 从 1～2 加上第二个系列变量 D_{23} 从 2～3，依次类推，然后从每个 D_{ij} 计算出标准差并用于计算 H_N 的加权平均。

分析 $H(t)$ 时间系列可以推断冰盖变化的特征，如线性趋势反映季节更替。降雪和地表融化导致的季节变化，以及这些因素引起的年际变化都很明显，如果不正确加以考虑，

将影响地表高程的长期趋势分析，因此上述分析非常重要。正确了解季节更替的特征能对这些数据的趋势进行精确统计评价，且测量地表高程的季节和年际变化能对气候变化导致的降雪和融化等冰盖地表物质平衡现象提供唯一的信息。

图 5.11 显示了利用 5 年 Geosat 数据重建的格陵兰的两组高程。$H(t)$是多个变量回归拟合得到的线性函数，并且变量拟合叠加可得到正弦–余弦函数的相位和幅度。在 2200～2700m 高程范围［图 5.11（a）］，地表高程以（8.2±1.6）cm/a 的变化率增加，并在 6 月早期以（13±4）cm 最大幅度显示季节更替，这些变化与数据并不匹配，且高程范围偏低，说明有季节性的降雪和积雪压实沉降引起变化。南格陵兰的 1200～1700m 高程范围［图 5.11（b）］正位于平衡线之上，该区域地表融化出现在夏季。由于南格陵兰的东侧比西侧陡，所有高程的大部分数据来自西侧，由此推测季节更替的幅度为（197±24）cm，大部分区域的最大变化在 4 月中期（发生融化前），最小变化在 10 月中期（发生融化后）。由于融化期短于半年，利用合适的非对称函数可得到较好的拟合。该拟合的线性部分为（–6.9±9.2）cm/a，说明 1989 年夏季可能有较多的固态冰融化。平衡线之上的大部分融水在积雪内重新冻结，因此高程的降低并未改变冰川体积。

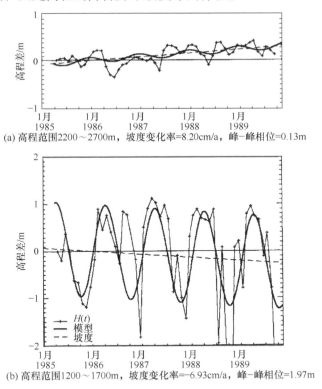

(a) 高程范围2200～2700m，坡度变化率=8.20cm/a，峰–峰相位=0.13m

(b) 高程范围1200～1700m，坡度变化率=−6.93cm/a，峰–峰相位=1.97m

图 5.11　Geosat 交叉测量计算得到的格陵兰的 $H(t)$（Zwally and Brenner，2001）

根据 Seasat 和 Geosat ERM 数据分析，格陵兰 72°N 以南的地表海拔在 2000m 之上以（2.0±0.5）cm/a 的平均速率增加（Davis et al.，1998a），之后加入 Geosat GM 数据分析，得到空间平均高程变化为（2.2±0.9）cm/a（Davis et al.，1998b），由此估计均衡调整将带来 0.5cm/a 的高程减少。雷达高度计升轨时探测冰盖平衡状态，主要受海拔较低时数据覆盖稀疏的限制。利用地表海拔更低的高程数据分析得出 Geosat-Seasat 的高程变化面积加权平均为（5.4±1.6）cm/a，Geosat-Geosat 的为（6.2±2.8）cm/a（表 5.3）。海拔 1700m 以下，由于交叉测量点较少、高度计误差较大，且大部分交叉点位于冰盖西侧，增加趋势不明显。海拔 1700m 以上，对于 Geosat-Seasat，平均加厚的速率为（3.8±0.2）cm/a，对于 Geosat-Geosat 为（6.4±0.9）cm/a。

表 5.3　格陵兰 72°N 以南的高程变化（Zwally and Brenner，2001）

高程范围/m	分数面积	Seasat 1978-Geosat 1985～1989 年（夏末-夏末）/（cm/a）*	Geosat1985～1989 年/（cm/a）**	季节幅度（峰–峰）/cm	最小幅度的时间
2700～3300	0.23	0.6±0.1	3.1±1.1	10±3	7 月 4 日
2200～2700	0.31	3.7±1.1	8.2±1.6	13±4	6 月 9 日
1700～2200	0.20	7.6±1.5	7.3±1.9	10±5	4 月 21 日
1200～1700	0.15	−4.9±0.7	−6.9±9.2	198±24	10 月 14 日
700～1200	0.12	15.6±1.9	21.1±19.4	396±48	9 月 26 日
面积加权平均		5.4±1.6	6.2±2.8		

*利用式（5.8）长间隔法得到；**利用式（5.16）时间序列分析、多变量线性函数和正–余弦函数回归得到

1993 年和 1998 年对格陵兰 72°N 以南的机载激光雷达高度计调查显示，冰盖东海岸的减薄速率超过 1m/a（Krabill et al.，1999），并发现三处超过 10cm/a 的加厚区域，且加厚和减薄的方式常常是混杂的，海拔较低时较高的减薄速率增加了冰川蠕变的速率，而冰川并不融化。该结果与气候较暖时降雨增多，格陵兰冰盖内部呈现区域增长，且融化增加导致海拔较低处冰盖减少的结论一致。以物质平衡的百分比计，5cm/a 的变厚速率大约是格陵兰南部平均堆积速率的 10%，为明显的增长（Chen et al.，1997），如果与气候变化关联，10%意味着 1K 的气温升高（Zwally，1989；Warrick et al.，1995）。

在南极东部 68°S～72°S，80°E～150°E，Remy 和 Legresy（1999）发现在高海拔的西部有 20%的正物质不平衡，而在低海拔处有负物质不平衡。Lingle 和 Covey（1998）评估了 Seasat、Geosat 和 ERS-1 数据在南极东部 72°S 以北地区的相对误差，并以海冰为参考地面，评估了卫星之间获取的高程变化。Yi 等（1997）和 Zwally（1994）利用 Geosat ERM 数据验证了南极东部冰盖高程明显的地方季节变化速率为 0.2～0.6m，但不能确定是由季节变化引起，还是残余误差所致。虽然 Seasat 和 Geosat 具有相近的设计和轨道特征，但与 ERS-1/2 相比，对高程变化的测量仍然会有明显的不确定性。Wingham 等（1998）通过 1992～1996 年的 ERS 数据分析得出冰盖内部的变化速率为（−0.9±0.5）cm/a，由于使用了单一卫星数据，该结果可能更可信。对于冰盖高程变化研究，使用相近特征的高度计，得到大于 1cm 精度是可行的。

一般情况下，冰盖表面质量估算（积雪堆积、凝固或融化）可随着极地气候的季节或年际变化而改变，而冰川动态变化（流动和冰山分离）则需较长的时间尺度。因此，某些冰盖参数（如冰川速度）测量在 10 年或更长时间内不需重复多次，但冰盖物质平衡的确定却需观测周期为 3 年或 5 年，并提供足够的平均值，以反映冰川地表堆积和融化的年际变化。即便如此，短期气候变化也能明显影响短期时间序列高程的变化，如大气

水汽通量变化和可能的厄尔尼诺，或者皮纳图博火山等均可能影响气温和格陵兰的地表融化（Abdalati and Steffen，1997）。为了预测未来冰盖对气候变化的响应，长时间序列的高程变化信息可加强人们了解冰盖物质平衡与气候敏感因子（如温度、降雨、辐射、云量等）之间的关系。

5.5 本 章 小 结

本章分析了星载雷达高度计测量冰盖高程时的影响因素，包括地表坡度和地形起伏、穿透和次地表体散射，探讨了星载雷达高度计测量冰盖高程的波形拟合和重跟踪方法，并以实例展示了星载雷达高度计测量冰盖高程和冰盖边缘的结果，最后探讨了冰盖高程变化对冰川物质平衡的影响。

参 考 文 献

Abdalati W, Steffen K. 1997. The apparent effects of the Mt. Pinatubo eruption on the greenland ice sheet. Geophysical Research Letters, 24(14): 1795-1797.

Bamber J L. 1994a. A digital elevation model of the Antarctic ice sheet derived from ERS-1 altimeter data and comparison with terrestrial measurement. Annals of Glaciology, 20: 48-54.

Bamber J L. 1994b. Ice sheet altimeter processing scheme. International Journal of Remote Sensing, 15(4): 925-938.

Bamber J L, Bindschadler R A. 1997. An improved elevation dataset for climate and ice-sheet modelling: validation with satellite imagery. Annals of Glaciology, 25: 439-444.

Brenner A C, Bindschadler R A, Thomas R H, et al. 1983. Slope-induced errors in radar altimetry over continental ice sheets. Journal of Geophysical Research, 88: 1617-1623.

Brooks R L, Campbell W J, Ramseier R O, et al. 1978. Ice sheet topography by satellite altimetry. Nature, 274: 539-543.

Chen Q S, Bromwich D H, Bai L. 1997. Precipitation over Greenland retrieved by a dynamic method and its relation to cyclonic activity. Journal of Climate, 10(5): 839-870.

Davis C H. 1993. A surface and volume scattering retracking algorithm for ice sheet altimetry. IEEE Transactions on Geoscience & Remote Sensing, 31(4): 811-818.

Davis C H. 1996. Comparison of ice-sheet satellite altimeter retracking algorithms. IEEE Transactions on Geoscience & Remote Sensing, 34(1): 229-236.

Davis C H. 1997. A robust threshold retracking algorithm for measuring ice sheet surface elevation change from satellite radar altimeters. IEEE Transactions on Geoscience & Remote Sensing, 35(4): 974-979.

Davis C H, Cluever C A, Haines B J. 1998a. Elevation change of the southern greenland ice sheet. Science, 279: 2086-2088.

Davis C H, Cluever C A, Haines B J. 1998b. Growth of the southern greenland ice sheet letter. Science, 281(5381): 1251.

Davis C H, Poznyak V I. 1993. The depth of penetration in Antarctic Firn at 10 GHz. IEEE Transactions on Geoscience & Remote Sensing, 31(5): 1107-1111.

Davis C H, Zwally H J. 1993. Geographic and seasonal variations in the surface properties of the ice sheets from satellite radar altimetry. Journal of Glaciology, 39: 687-697.

Ekholm S. 1996. A full coverage, high-resolution, topographic model of Greenland computed from a variety of digital elevation data. Journal of Geophysical Research, 101(B10): 21961-21972.

Ferraro E J E, Swift C T. 1995. Comparison of retracking algorithms using airborne radar and laser altimeter measurements of the greenland ice sheet. IEEE Transactions on Geoscience & Remote Sensing, 33(3): 700-707.

Frappart F, Blumstein D, Cazenave A, et al. 2017. Satellite Altimetry: Principles and Applications in Earth Sciences. New York: John Wiley & Sons, Inc.

Giovinetto M B, Zwally H J. 1995. An assessment of the mass budgets of Antarctica and greenland using accumulation derived from remotely sensed data in areas of dried snow. Zeitschrifi fiir Gleitscherkunde und Glazialgeologie, 31: 25-37.

Gundestrup N S, Bindschadler R A, Zwally H J. 1986. Seasat range measurements verified on a 3-d ice sheet. Annals of Glaciology, 8: 69-72.

Herzfeld U C, Lingle C, Lee L H. 1994. Recent advance of the grounding line of Lambert Glacier, Antarctica, deduced from satellite altimetry. Annals of Galciology, 20: 43-47.

IMBIE team. 2018. Mass balance of the Antarctic ice sheet from 1992 to 2017. Nature, 558: 219-222.

Krabill W, Frederick E, Manizade S, et al. 1999. Rapid thinning of parts of the Southern Greenland ice sheet. Science, 283: 1522-1524.

Legresy B, Remy E. 1998. Using the temporal variability of satellite radar altimetric observations to map surface properties of the Antarctic ice sheet. Journal of Glaciology, 44(147): 197-206.

Lingle C S, Covey D N. 1998. Elevation changes on the East Antarctic ice sheet, 1978-93, from satellite radar altimetry: a preliminary assessment. Annals of Glaciology, 27: 7-18.

Lingle C S, Lee L H, Zwally H J, et al. 1994. Recent elevation increase on Lambert Glacier, Antarctica, from orbit crossover analysis of satellite radar altimetry. Annals of Glaciology, 20: 26-32.

Martin T V, Zwally H J, Brenner A C, et al. 1983. Analysis and retracking of continental ice sheet radar altimeter waveforms. Journal of Geophysical Research Oceans, 88(C3): 1608-1616.

Newkirk M H, Brown G S. 1996. A waveform model for surface and volume scattering from ice and snow. IEEE Transactions on Geoscience & Remote Sensing, 34(2): 444-454.

Oswald G K A, Robin G D Q. 1973. Lakes beneath the Antarctic ice sheet. Nature, 245: 251-254.

Parsons C L. 1979. An assessment of GEOS-3 wave height measurements//Earle M D. Ocean Wave Climate. New York: Plenum Press, 235-251.

Partington K C, Ridley J K, Rapley C G, et al. 1989. Observations of the surface properties of the ice sheets by satellite radar altimetry. Journal of Glaciology, 35(120): 267-275.

Paterson W S B. 1994. The Ghysics of Glaciers. Oxford: Pergamon.

Phillips H A. 1998. Applications of ERS satellite radar altimetry in the Lanbert Glacier-America ice shelf system, East Antarctica, Antarctic CRC and Institude of Antarctic and Southern Ocean Studies. Hobart: University of Tasmania.

Phillips H A, Allison I, Coleman R, et al. 1998. Comparison of ERS satellite radar altimeter heights with GPS-derived heights on the Amery ice shelf, East Antarctica. Annals of Glaciology, 27: 19-24.

Reeh N. 1982. A plasticity theory approach to the steady-state shape of a three-dimensional ice sheet. Journal of Glaciology, 28: 431-455.

Remy F, Legresy B. 1999. Antarctic non-stationary signals derived from Seasat-ERS-1 altimetry comparison. Annals of Glaciology, 27: 81-85.

Remy F, Mazzega P, Houry C, et al. 1989. Mapping of the topography of continental ice by inversion of satellite altimeter data. Journal of Glaciology, 35(119): 98-107.

Remy F, Minster J F. 1997. Antarctica ice sheet curvature and its relation with ice flow and boundary conditions. Geophysical Research Letters, 24(9): 1039-1042.

Remy F, Legresy B, Bleuzen S, et al. 1996. Dual-frequency Topex altimeter observations of greenland. Journal of Electromagnetic Waves & Applications, 10: 1507-1525.

Ridley J K, Partington K C. 1988. A model of satellite radar altimeter return from ice sheets. Internations Journal of Remote Sensing, 9(4): 601-624.

Robin G de Q. 1966. Mapping the Antarctic ice sheet by satellite altimetry. Revue Canadienne Des Sciences De La Terre, 3: 893-901.

Stenoien M, Bentley C R. 1997. Topography Estimation in W. Antarctica directly from Level-2 radar altimeter data. Florence: Third ERS Symposium on Space at the Service of our Environment, 11: 837-842.

Thomas R H, Martin T V, Zwally H J. 1983. Mapping ice-sheet margins from radar altimetry data. Annals of Glaciology, 4: 283-288.

Warrick R A, Le Provost C, Meier M E, et al. 1995. Climate in sealevel//Houghton J T, et al. Climate Change 1995: The Science of Climate. Cambridge: Cambridge Press: 359-405.

Wingham D J, Rapley C G, Griffiths H D. 1986. New techniques in satellite altimetry tracking systems. Proceedings of the IGARSS, 86, ESA SP, 254(Ⅲ): 1339-1344.

Wingham D J, Ridout A J, Scharroo R, et al. 1998. Antarctic elevation change from 1992 to 1996. Science, 282(5388): 456-458.

Yi D, Bentley C R. 1994. Analysis of satellite radar altimeter return waveforms over the East Antarctic ice sheet. Annals of Glaciology, 20: 137-142.

Yi D, Bentley C R. 1996. A retracking algorithm for satellite radar altimetry over an ice sheet and its applications. US. Army Corps of Engineer, CRREL, Special Report 96-27: 112-120.

Yi D, Bentley C R, Stenoien M D. 1997. Seasonal variation in the apparent height of the East Antarctic ice sheet. Annals of Glaciology, 24: 191-198.

Zwally H J. 1975. Untitled discussion point. Journal of Glaciology, 15(73): 444.

Zwally H J. 1977. Microwave emissivity and accumulation rate of polar firm. Journal of Glaciology, 18(79): 195-215.

Zwally H J. 1989. Growth of greenland ice sheet: interpretation. Science, 246: 1589-1591.

Zwally H J. 1994. Detection of change in Antarctica//Hempel G. Antarctic Science. Berlin, Heidelberg: Springer-Verlag, 126-143.

Zwally H J, Bindschadler R A, Brenner A C, et al. 1983. Surface elevation contours of greenland and Antarctic ice sheets. Journal of Geophysical Research Oceans, 88(3): 1589-1596.

Zwally H J, Brenner A C. 2001. Ice sheet dynamics and mass balance//Fu L L, Gazenave A. In Satellite Altimetry and Earth Sciences. San Diego: Academic Press.

Zwally H J, Brenner A C, DiMarzio J E, et al. 1994. Ice sheet topography from retracked ERS-1 altimetry. Proceedings of Second ERS-1 Symposium, ESA SP, 361: 159-164.

Zwally H J, Brenner A C, DiMarzio J E. 1998. Growth of the southern greenland ice sheet. Science, 281(5381): 1251.

Zwally H J, Brenner A C, Major J A, et al. 1989. Growth of greenland ice sheet: measurement. Science, 246: 1587-1589.

Zwally H J, Major J A, Brenner A C, et al. 1987a. Ice measurements by Geosat radar altimetry. Johns Hopkins APL Technical Digest, 8(2): 251-254.

Zwally H J, Stephenson S N, Bindschadler R A, et al. 1987b. Antarctic ice-shelf boundaries and elevations from satellite radar altimetry. Annals of Glaciology, 9: 229-235.

Zwally H J, Thomas R H, Bindschadler R A. 1981. Ice-sheet dynamics by satellite laser altimetry. Proceedings of IEEE International Geoscience and Remote Sensing Symposium, 2: 1012-1022.

第 6 章　新型星载雷达高度计数据处理及应用

6.1　概　　述

目前，已有的星载雷达高度计主要有激光雷达高度计、有限脉冲雷达高度计、SAR 高度计、SARIn 高度计 4 种类型。对于前两种类型的高度计，由于卫星数量多、运行时间久、积累的数据较为丰富等，基于该类数据研究成果很多，方法也更为成熟，对较大型湖泊（面积>1000km^2）的水位反演精度较高（Nielsen et al., 2015；Crétaux et al., 2016；Göttl et al., 2016；Villadsen et al., 2016）。

作为未来卫星测高技术重要发展方向的 SARIn 高度计，将传统的一维、沿轨剖面测高过渡为二维的宽刈幅干涉测高，将在空间分辨率和时间分辨率方面得到巨大提升。目前，仅有 Cryosat-2 和天宫二号上装载了 SARIn 高度计，故卫星少、运行时间短、数据相对较少。计划于 2021 年发射的地表水体和海洋地形（surface water and ocean topography，SWOT）卫星，也将采用合成孔径雷达干涉（SARIn）技术，已被美国国家研究委员会推荐为"未来 10 年 NASA 承担的地球科学和应用的国家重点计划"。

对卫星测高而言，波形重跟踪处理是改善卫星测高数据质量的有效手段（郭金运等，2009），可有效削弱短波随机噪声和有效波高偏差造成的各种误差，改善测高精度。长期以来，有限脉冲雷达高度计数据是近海和湖泊应用的主要数据源，现有的波形重跟踪算法主要针对此类高度计的波形而设计，包括物理算法和经验算法两类。与传统雷达高度计波形不同，SAR/SARIn 高度计采用了延迟多普勒技术，回波波形具有更陡峭的上升沿和衰减更快的后缘（Raney，1998），如 Cryosat-2 SAR/SARIn 模式数据。当 SAR/SARIn 高度计观测受到陆地噪声污染时，回波波形呈现出复杂的多波峰形态，故以往针对有限脉冲雷达高度计波形设计的重跟踪算法并不完全适合处理 Cryosat-2 SAR/SARIn 波形，因此需要设计新的波形重跟踪算法来处理 SAR/SARIn 星载雷达高度计数据。

目前，针对 SAR/SARIn 星载雷达高度计的复杂波形进行重跟踪处理，国内外学者提出了物理模型算法和经验统计算法。物理模型算法主要通过与 Cryosat-2 SAR/SARIn 模式回波模型的拟合进行重跟踪，如欧洲空间局的 Cryosat-2 SARIn 2 级（L2）数据产品使用的 Wingham/Wallis 模型（Bouzinac，2018），但该算法对污染波形的处理能力较弱（Kleinherenbrink et al.，2014；Xue et al.，2018）。Ray 等（2015）针对 Cryosat-2 和 Sentinel-3A 的 SAR 波形设计了一种基于后向散射的物理重跟踪模型 SAMOSA3（SAR altimetry mode studies and applications），该模型对于噪声较少的波形具有极为出色的表现，但是对于某些近岸观测轨迹，由于高质量观测波形过少，该算法应用会受到严重制约（Villadsen et al.，2016）。Kleinherenbrink 等（2014）在分析 Cryosat-2 SARIn 污染波形特点的基础上，提出了一种基于模拟波形与观测波形互相关的波形重跟踪算法，该算法能从污染波形中提取出多个表面高度，经筛选得到水面高度；该算法通过埃及纳赛尔水库进行了验证，并推广应用于青藏高原湖泊水位的提取（Kleinherenbrink et al.，2015）。因此，物理模型算法可高精度地处理海洋或似海洋波形等高质量观测的轨迹，但对于回波污染较多的过境轨迹，此类算法难以进行正确处理。

相比于物理模型算法，经验统计算法操作简单，适用于处理各种波形，对高质量波形的处理精度与物理模型算法相当，并且能较好地处理污染波形，是目前应用的主要方法。Jain 等（2015）为了更好地监测北极海冰的变化，在已有子波形跟踪算法的基础上，提出了一种处理 Cryosat-2 SAR 波形的主波峰经验重跟踪（narrow primary peak empirical retracker，NPPR）算法。Göttl 等（2016）通过 K-均值法对过境 Cryosat-2 SAR 波形进行分类，而后对其中的似海洋和水陆过渡波形运用改进的阈值重跟踪（improved threshold retracker，ITR）算法进行处理，取得了良好的效果。需要说明的是，虽然波形分类本身并不是重跟踪算法，但是由于不同重跟踪算法都有其适用波形，在波形分类的基础上通过算法组合也是一种提高重跟踪性能的方法（杨乐等，2011）。Villadsen 等（2016）提出的多波形永久波峰（multiple waveform persistent peak，MWaPP）算法，该算法通过引入对均值波形的处理来削弱陆地噪声，以达到抑制噪声、突出水面信号的目的 Villadsen 等将该算法与 NPPR、SAMOSA3 等算法进行了比较，得出 MWaPP 算法对复杂多波峰波形具有良好的处理性能。但以上经验算法的性能不同程度地依赖于波形形态，当湖泊的观测波形含有多种复杂形态时，算法性能会受到很大影响，这种情况在山地湖泊较为常见。

6.2 天宫二号 InIRA 数据应用

6.2.1 天宫二号 InIRA 数据介绍

2016 年 9 月 15 日我国于酒泉卫星发射中心成功发射了天宫二号空间实验室，其上搭载的 InIRA 是世界上第一个采用小角度（<8°）干涉测量技术、孔径合成技术和海陆兼容的高度跟踪技术，实现宽刈幅海面高度测量的雷达高度计（杨劲松等，2017；鲍青柳等，2017；刘战，2018）。InIRA 通过一发双收的双天线和双通道接收机获取高相干回波信号，利用高精度干涉测量能力和波形跟踪能力，对干涉相位进行处理，确定表面的平均高度（张云华等，1999，2004；阎敬业，2005）。

本节利用 2016 年 9 月 23 日获取的 6 幅 InIRA 1 级数据开展了青藏高原湖泊水位的反演研究。该数据及其相关参数由中国科学院国家空间科学中心和载人航天空间应用数据推广服务平台提供，覆盖区域约 12000km²，以 WGS84 为参考椭球，方位向原始分辨率为 30m，距离向原始分辨率为 30～200m，并已进行过仪器误差、径向轨道误差、大气传播延迟误差等改正。

图 6.1 为扎布耶茶卡等九个青藏高原湖泊的 InIRA 1 级数据显示。除了扎布耶茶卡、玉液湖和银波湖以外，其他湖泊仅部分被 InIRA 数据覆盖；尽管 InIRA 1 级数据在近岸、岛屿等区域仍然存在较多噪声，但也同时含有大量的平稳观测，特别是在开阔水面，这对于监测中小湖泊的水位变化意义重大，并展现出宽刈幅测高的巨大优势。

所选的青藏高原湖泊没有实测水位，故研究采用 Cryosat-2 获取的湖泊水位与 InIRA 获取的湖泊水位进行对比来探究 InIRA 数据提取湖泊水位的能力。表 6.1 列出了所选湖泊

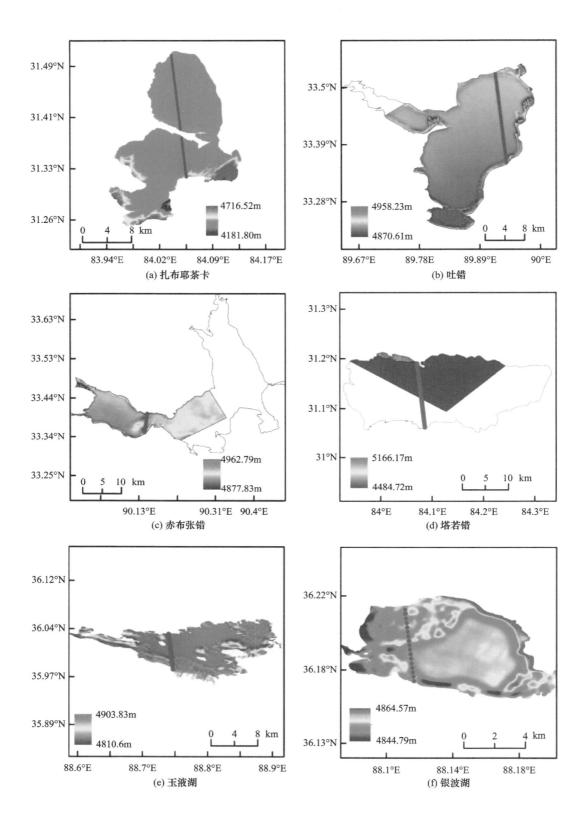

(a) 扎布耶茶卡

(b) 吐错

(c) 赤布张错

(d) 塔若错

(e) 玉液湖

(f) 银波湖

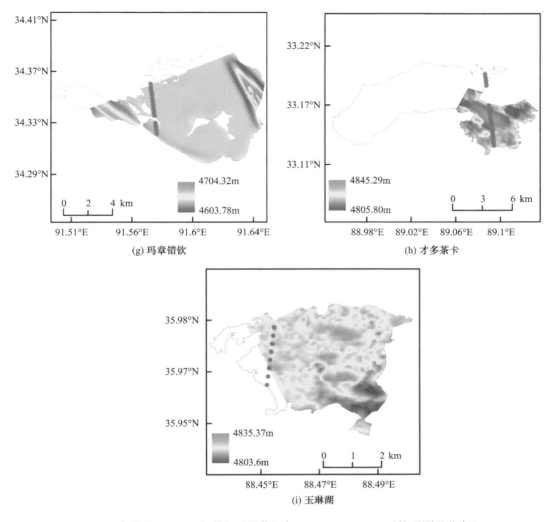

图 6.1 湖泊的 InIRA 1 级数据（影像）与 Cryosat-2 SARIn 过境观测（蓝点）

InIRA 1 级数据与 Cryosat-2 数据的有关统计。从表中可以看出，湖泊面积在 12.82～541.20km²，玉琳湖面积最小，赤布张错面积最大；由于空间分辨率更高（有成像能力），每个湖泊的 InIRA 观测点数远大于 Cryosat-2；由于运行轨道不同，Cryosat-2 与 InIRA 1 级数据的观测时间不可避免地存在一定的时间差，最短 3 天，最长 21 天。

表 6.1 所选湖泊 InIRA 1 级数据与 Cryosat-2 数据的有关统计

湖泊名称	面积/km²	InIRA 标准差*	InIRA 观测数/个	Cryosat-2 观测数/个	时间差**
扎布耶茶卡	258.50	11.223	312953	80	21 天
吐错	448.20	2.381	547721	64	7 天
赤布张错	541.20	10.043	383560	16	20 天
塔若错	484.65	6.143	199571	53	21 天
玉液湖	146.91	2.325	193071	21	9 天

湖泊名称	面积/km²	InIRA 标准差*	InIRA 观测数/个	Cryosat-2 观测数/个	时间差**
银波湖	50.01	1.429	64979	14	18 天
玛章错钦	67.93	16.581	61741	17	3 天
才多茶卡	74.96	3.003	11240	26	9 天
玉琳湖	12.82	3.607	9872	8	13 天

*指湖面所有 InIRA 观测数据计算的标准差；**指 InIRA 观测时间与 Cryosat-2 观测时间之间的时间间隔

6.2.2 天宫二号 InIRA 数据反演湖泊水位

1. 参考水位计算

天宫二号 InIRA 的湖泊观测数据非常有限，主要获取的是覆盖部分青藏高原湖泊的数据。由于青藏高原地区湖泊缺乏同步实测水位，因此采用精确反演的 Cryosat-2 水位作为验证 InIRA 数据的参考水位。

1）Cryosat-2 SARIn 波形选择

回波波形污染是制约 Cryosat-2 SARIn 数据反演湖泊水位精度的关键因素（Nielsen et al.，2017；Kleinherenbrink et al.，2014）。对于污染较少的高质量波形，Villadsen 等（2016）通过 MWaPP 和 SAMOSA3 模型获取的反演水位精度均优于 5cm，且两者相差不到 0.5cm。基于以上考虑，本节仅处理质量较高的 Cryosat-2 观测波形。由于处理湖泊的单一过境轨迹数据量较少，采用目视判断方法选择波形。

图 6.2 显示了所选九个青藏高原湖泊的四种典型过境波形。图 6.2（a）是典型的（似）海洋波形；图 6.2（b）虽然具有两个波峰，但水面信号（首波峰）较强。上述两种波形均能通过已有重跟踪算法进行有效处理。而图 6.2（c）和图 6.2（d）中含有过多的噪声，很难准确识别水面信号。因此，本节仅处理湖泊过境轨迹中图 6.2（a）和图 6.2（b）所示波形来计算参考水位。

2）远星下点距离（off-nadir range，ONR）改正

图 6.3 是 Cryosat-2 SARIn 模式对平坦地表的测量几何。由于在跨轨方向采用了干涉测量技术，实际观测点 M 与星下点 S 之间并不在同一位置，所以观测距离（R_m）与计算所需距离（R）之间存在一定偏差 dR_ρ，这就需要对 R 进行改正。Armitage 和 Davidsan（2014）给出的改正公式如下：

$$dR_\rho \cong \eta R_m \frac{\rho^2}{2} \tag{6.1}$$

式中，η 是用于修正地表曲率的几何因子，Galin 等（2013）给出的取值是 1.113；卫星中心 O 与星下点 S 和实际观测点 M 之间连线的夹角 $\rho = \theta - x$，x 是卫星干涉基线的翻滚角，θ 是天线视轴 OP 与 OM 之间的夹角，可通过接收信号的相位差 ϕ 近似计算 [$\theta = \phi/(k_0 B)$]，B 是基线的长度（1.1676m），$k_0 = 2\pi/\lambda$，λ 为波长（Jensen，1999）。这里采用 Abulaitijiang 等（2015）所提方法解算 ϕ，其他参数则从 Cryosat-2 SARIn 1b 级数据中读取。

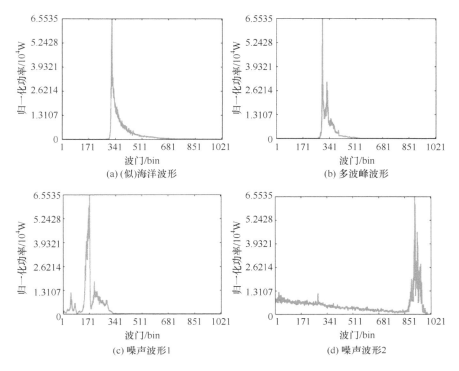

图 6.2　所选九个青藏高原湖泊的四种典型的 Gryosat-2 SARIn 波形

　　此外，Armitage 和 Davidsan（2014）还给出了考虑地表坡度情况下的远星下点距离改正方式，考虑到足迹点内的湖泊表面相对平稳，因此将其视作平面处理。由于远星下点距离对提取湖泊水位变化信息的影响非常微弱，部分研究并未进行此改正（Kleinherenbrink et al.，2015），远星下点距离改正主要用于海冰干舷(sea ice rreeboard)的监测研究（Armitage and Davidsan，2014）。由于本节需要获取精准的 Cryosat-2 绝对水位，所以需进行远星下点距离改正。经统计，对于选定的高质量观测波形，上述九个湖泊的平均远星下点距离改正值不超过 5cm。

　　3）参考水位计算

　　参考水位实际上是通过 Cryosat-2 SARIn 数据计算的过境轨迹的沿轨均水位，计算步骤如下：①计算单点水位。对于湖泊过境轨迹的每个观测点，按式（6.2）计算对应的单点水位 H，其中 H_{alt} 是卫星至参考椭球的高度，H_{geo} 是大气延迟与地球物理改正，N_{geoid} 是大地水准面至参考椭球的改正量，重跟踪改正 $C_{retrack}$ 通过 MWaPP 算法（Villadsen et al.，2016）计算，并根据重跟踪点的位置，利用式（6.1）计算 dR_{ρ}。②计算参考水位。对于每条过境轨迹，根据上述波形筛选结果，对相应

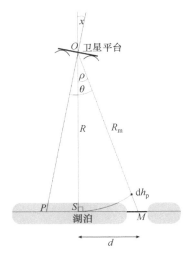

图 6.3　Cryosat-2 SARIn 模式对平坦地表的测量几何
（ Armitage and Davidsan，2014 ）

的单点水位运用静态误差混合模型（Nielsen et al., 2015）即可获得湖泊的参考水位（图6.4）。

$$H = H_{alt} - (R_m + H_{geo} + C_{retrack} - dR_\rho) - N_{geoid} \qquad (6.2)$$

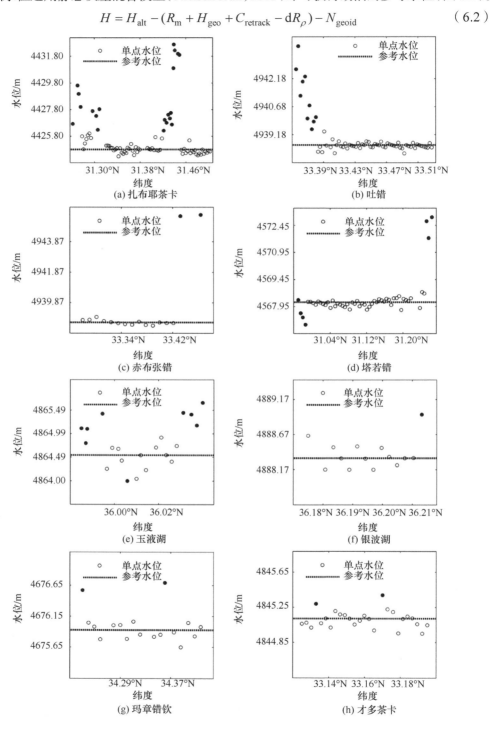

(a) 扎布耶茶卡

(b) 吐错

(c) 赤布张错

(d) 塔若错

(e) 玉液湖

(f) 银波湖

(g) 玛章错钦

(h) 才多茶卡

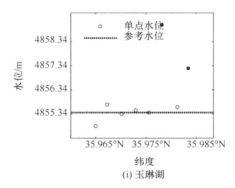

图 6.4　湖泊的参考水位及对应的 Cryosat-2 单点水位

图中黑点是噪声单点水位

图 6.4 显示了最终获取的参考水位和对应的 Cryosat-2 单点水位。对图中优选的单点水位计算标准差，分别得到：0.397m（扎布耶茶卡）、0.183m（吐错）、0.153m（赤布张错）、0.218m（塔若错）、0.251m（玉液湖）、0.147m（银波湖）、0.123m（玛章错钦）、0.076m（才多茶卡）和 0.312m（玉琳湖），标准差均值为 0.21m；优选单点水位密集分布在参考水位两侧，由噪声波形导致的错误单点水位被有效滤除。由此可见，此处获取的参考水位能反映当时湖泊水位的真实状况。虽然玉琳湖、银波湖和玉液湖湖面较小，但周边地形较为平坦，也可获取到部分高质量 Cryosat-2 SARIn 观测。而扎布耶茶卡标准差过大主要是由南北湖区之间的大片盐滩造成。

此外，出于验证的需要，本节还利用 Cryosat-2 SARIn 1b 级数据直接获取了 Cryosat-2 L1b 水位。除了未在式（6.2）中进行 $C_{retrack}$ 改正以外，计算方法同参考水位，同时将未经过 $C_{retrack}$ 改正的 H 称为 Cryosat-2 L1b 单点水位。Cryosat-2 L1b 水位可用来反映 Cryosat-2/SIRAL 的星上跟踪能力。

2. InIRA 水位计算

这里将 InIRA 水位分为整体水位和沿轨水位，分别用于反映此数据在整个湖面和沿轨方向（与 Cryosat-2 过境方向一致）的性能。其中，与 InIRA 整体水位相比，获取 InIRA 沿轨水位的观测区域与 Cryosat-2 的观测区域更为相近，但稳定观测相对较少。这两种水位都是通过若干同步观测获取的均水位，计算步骤如下：

（1）计算 InIRA 单点水位 H_{tg}。已有 InIRA 数据已提供了经干涉处理、电离层和大气延迟校正后的高度值，因此仅对湖泊范围内的所有 InIRA 值进行极潮（$Pole_{Cor}$）、固体潮（$Solid_{Cor}$）、海潮（$Ocean_{Cor}$）和大地水准面改正 N，公式如下：

$$H_{tg} = InIRA - (Pole_{Cor} + Solid_{Cor} + Ocean_{Cor}) - N \qquad (6.3)$$

（2）对湖面所有 InIRA 单点水位和所有 Cryosat-2 20Hz 过境点 300m 内的 InIRA 单点水位分别运用静态误差混合模型，即可获得 InIRA 整体水位和 InIRA 沿轨水位。如图 6.5 所示，扎布耶茶卡和银波湖的 InIRA 整体水位分别为 4423.344m 和 4886.504m，InIRA 单点水位的均值和标准差分别为扎布耶茶卡（4423.390m，11.223m）、银波湖（4886.446m，1.429m），两湖泊 InIRA 整体水位与湖面单点水位均值相近。由图 6.5 可以看出，在水陆过渡区域，InIRA 单点水位的变化很大（数十米至数百米），但在中心水面相对平稳，

InlRA 数据空间分辨率更高，更容易实现对中小湖泊的高精度水位反演。

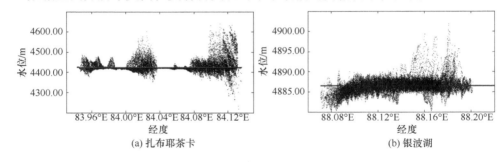

(a) 扎布耶茶卡   (b) 银波湖

图 6.5　InlRA 整体水位（黑线）与单点水位（黑点）

3. 结果与讨论

1）参考水位的精度验证

由于没有研究对象的同步实测水位，参考水位的精度验证通过间接方式进行。按照本节上述给出的参考水位计算方法，对青藏高原上的巴木错（180km²）和达瓦错（118km²）进行处理。结果显示，巴木错和达瓦错的 Cryosat-2 水位与实测水位的均方根误差分别是0.063m 和 0.082m，说明在此获取的参考水位精度优于 10cm。图 6.6 是达瓦错的 Cryosat-2 过境轨迹和对应的单点水位。

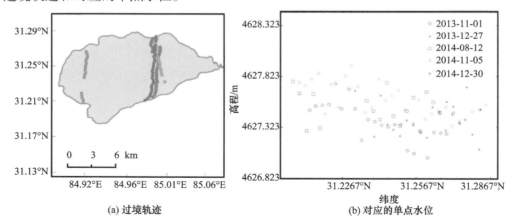

(a) 过境轨迹   (b) 对应的单点水位

图 6.6　达瓦错的 Cryosat-2 过境轨迹与对应的单点水位

2）水位绝对值的比较

表 6.2 列出了湖泊 InlRA 沿轨水位、InlRA 整体水位、Cryosat-2 L1b 水位与参考水位的对比统计。可以看出，InlRA 整体水位较 InlRA 沿轨水位的均方根误差低 0.298m，由此可见，由于更多的稳定观测值参与反演，InlRA 整体水位能更好地反映湖泊真实水位，因此当融合 InlRA 数据和其他测高数据反演湖泊水位时，InlRA 水位计算应考虑整个湖面；InlRA 整体水位与参考水位的均方根误差为 4.105m，存在较大的偏差（米级），但该值又明显小于 Cryosat-2 L1b 水位。由于 Cryosat-2 L1b 数据经重跟踪处理可获得高精度反演水位，由此推知，若对 InlRA 1 级数据做进一步处理，如消除距离测量中的噪声污染等，InlRA 反演水位的精度有望获得更大提升。

表 6.2　InIRA 沿轨水位、InIRA 整体水位、Cryosat-2 L1b 水位与参考
水位的对比统计　　　　　　　　　　（单位：m）

湖泊水位	偏差的最小值	偏差的最大值	均方根误差
InIRA 沿轨水位	1.140	10.452	4.403
InIRA 整体水位	0.797	8.952	4.105
Cryosat-2 L1b 水位	0.937	44.306	17.546

　　图 6.7 显示了湖泊 InIRA 沿轨水位、InIRA 整体水位、Cryosat-2 L1b 水位与参考水位的比较，表 6.3 则给出了相应具体水位值。可以看出，InIRA 整体水位与 InIRA 沿轨水位的变化基本一致。通过表 6.3 中数据计算，得到 InIRA 整体水位与 InIRA 沿轨水位之间的均值偏差是 0.70m，最大偏差是 2.03m（赤布张错）、最小偏差是 0.02m（玉液湖），并且面积较大湖泊的偏差一般大于面积较小湖泊，且不同位置的水位差可能是导致该问题的原因之一；InIRA 整体水位与参考水位之间的偏差大小与湖泊面积无明显相关，如吐错 1.42m（448km^2）和玉琳湖 0.86m（12km^2）；Cryosat-2 L1b 水位与参考水位的偏差较大，特别是在赤布张错（44.31m）、吐错（15.51m）、塔若错（13.97m）和玉琳湖（14.76m）等，可以看出复杂地形湖泊的 Cryosat-2 L1b 观测质量偏低。

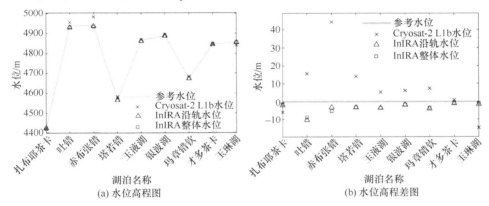

图 6.7　InIRA 沿轨水位、InIRA 整体水位、Cryosat-2 L1b 水位与参考水位的比较

表 6.3　InIRA 沿轨水位、InIRA 整体水位、Cryosat-2 L1b 水位与参考
水位的对比统计　　　　　　　　　　（单位：m）

湖泊名称	InIRA 整体水位	InIRA 沿轨水位	参考水位	Cryosat-2 L1b 水位
扎布耶茶卡	4423.344	4422.632	4424.762	4418.876
吐错	4929.676	4928.176	4938.628	4954.137
赤布张错	4933.161	4935.195	4938.547	4982.853
塔若错	4564.965	4564.767	4568.191	4582.160
玉液湖	4860.909	4860.924	4864.534	4869.727
银波湖	4886.504	4886.380	4888.333	4894.486
玛章错钦	4672.425	4671.827	4675.927	4683.279
才多茶卡	4844.317	4843.974	4845.114	4846.051
玉琳湖	4854.538	4853.737	4855.394	4840.639

3）轨迹标准差的比较

表 6.4 列出了湖泊 InIRA 单点水位、Cryosat-2 单点水位与 Cryosat-2 L1b 单点水位的标准差统计。标准差越小，观测质量越稳定，越有利于获取准确的相对水位；标准差计算前应先去除粗差，故分别对 InIRA 和 Cryosat-2 单点水位分别采用 1 倍中误差和格拉布斯准则方法去除粗差。结果显示，湖泊 InIRA 单点水位的标准差均值（1.063m）高于 Cryosat-2 单点水位的标准差均值（0.178m），但又明显比 Cryosat-2 L1b 单点水位的标准差均值（2.657m）小。

表 6.4　InIRA 单点水位、Cryosat-2 单点水位与 Cryosat-2 L1b 单点水位的
标准差对比统计　　　　　　　　　　　　（单位：m）

湖泊水位	最小标准差	最大标准差	标准差均值
InIRA 单点水位	0.628	1.859	1.063
Cryosat-2 L1b 单点水位	0.921	4.958	2.657
Cryosat-2 单点水位	0.114	0.207	0.178

图 6.8 显示了各湖泊 InIRA 单点水位、Cryosat-2 单点水位与 Cryosat-2 L1b 单点水位的标准差，而表 6.5 则给出了相应的具体值。可以看出，除玛章错钦以外，InIRA 单点水位的标准差均明显小于 Cryosat-2 L1b 单点水位的标准差，且在玉液湖与 Cryosat-2 单点水位的标准差最接近（偏差 0.252m）。此外，还可看出，经波形重跟踪处理后，Cryosat-2 数据的质量大幅提高。

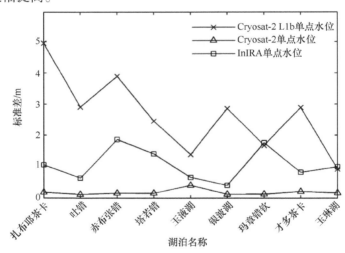

图 6.8　InIRA 单点水位、Cryosat-2 单点水位与 Cryosat-2 L1b 单点水位的标准差比较

表 6.5　InIRA 单点水位、Cryosat-2 单点水位和 Cryosat-2 L1b 单点水位的
标准差　　　　　　　　　　　　　（单位：m）

湖泊名称	InIRA 单点水位	Cryosat-2 单点水位	Cryosat-2 L1b 单点水位
扎布耶茶卡	1.056	0.177	4.958
吐错	0.628	0.114	2.904
赤布张错	1.859	0.153	3.890
塔若错	1.407	0.151	2.445

湖泊名称	InIRA 单点水位	Cryosat-2 单点水位	Cryosat-2 L1b 单点水位
玉液湖	0.651	0.399	1.386
银波湖	0.396	0.120	2.854
玛章错钦	1.758	0.123	1.672
才多茶卡	0.818	0.207	2.887
玉琳湖	0.995	0.161	0.921

以上结果表明，InIRA 1 级数据较 Cryosat-2/SIRAL SARIn 1b 级数据的观测质量更为稳定，InIRA 较 Cryosat-2/SIRAL SARIn 模式具有更出色的星上跟踪能力。由于观测值丰富，InIRA 1 级数据经进一步改正后应当可以获得更高精度的相对水位，这对于监测中小型湖泊的水位变化意义重大。但是，由于 InIRA 的湖泊观测数据非常有限，难以构建时间序列，本节未能对相对水位的精度做深入验证，还需今后做进一步研究。

6.2.3 小结

本节以九个青藏高原湖泊为研究对象，通过 InIRA 水位、Cryosat-2 L1b 水位与参考水位的对比，分析了 InIRA 1 级数据反演湖泊水位的性能。与采用一维剖面测高的传统雷达高度计相比，InIRA 实现了二维宽刈幅测高，能够获得更丰富的同步观测数据。由于仍存在较大的偏差，通过 InIRA 1 级数据反演的湖泊绝对水位的精度仅达到米级。由于 InIRA 观测较 Cryosat-2 SARIn 观测更为稳定，且观测值更丰富，经进一步改正后可望获得高精度的相对水位，这对于湖泊的水位变化监测具有重要意义。

6.3 Cryosat-2 SARIn 数据处理与应用

由于跨轨分辨率偏低，波形污染仍是 Cryosat-2 SARIn 数据湖泊水位高精度反演的重大阻碍。尽管国内外学者设计了多种重跟踪算法，但仍存在不足，主要表现在难于处理复杂多波峰波形，而此类波形在山地湖泊观测中广泛存在。本节通过分析近岸 Cryosat-2 SARIn 波形特征，提出了基于参考水位计算的一种改进的处理 Cryosat-2 SARIn 波形的重跟踪算法（ImpMWaPP），以更好地处理多波峰波形。并通过七个青藏高原湖泊的实测水位验证了新算法的重跟踪性能。

6.3.1 基于 Cryosat-2 SARIn 数据波形重跟踪算法改进

1. Cryosat-2 SARIn 波形分析

在进行波形重跟踪算法改进前，需先对 Cryosat-2 SARIn 波形在沿轨方向的变化特征进行分析。虽然 Kleinherenbrink 等（2014）也曾对 Cryosat-2 SARIn 波形在埃及纳赛尔水库的变化特征做了分析，但该水库的周边地形较为平坦，难以反映复杂地形条件下的波形变化。因此，本节选择青藏高原湖泊的近岸轨迹进行分析。

图 6.9 是 Cryosat-2 于 2011 年 6 月 5 日过境鄂陵湖的近岸轨迹和对应的波形影像，

图 6.10 则给出了图 6.9（a）中 12 个典型观测位置的具体波形。需要指出的是，Cryosat-2 SARIn 2 级数据已经给出了由 Wingham/Wallis 拟合算法计算的高度（Bouzinac，2018），且通过干涉处理重新定位了观测点位置，同时新位置与重跟踪算法密切相关。

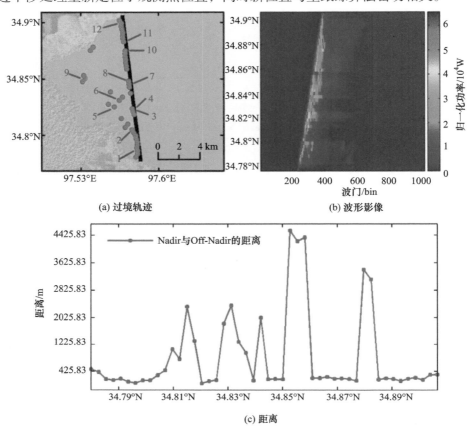

(a) 过境轨迹

(b) 波形影像

(c) 距离

图 6.9　鄂陵湖 2011 年 6 月 5 日 Cryosat-2 SARIn 过境轨迹、波形影像和距离
图（a）中黑点表示观测的星下点位置，红点表示对应观测的 2 级数据的位置

　　由图 6.9（a）可见，该轨迹在 34.82°N～34.85°N 密集分布着许多远星下点观测（如 6 号点和 9 号点等），结合图 6.9（b）和图 6.10，这些波形较为复杂，通常含有若干可区分波峰，水面与陆面信号混淆。Kleinherenbrink 等（2014）指出此类远星下点受陆地噪声影响较大。此外，通过观察 4 号点、8 号点、10 号点和 11 号点的位置［图 6.9（a）］和波形（图 6.10），这些点虽然是近星下点，波形却比较复杂，且其前或其后一个观测点

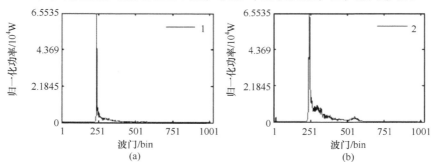

(a)

(b)

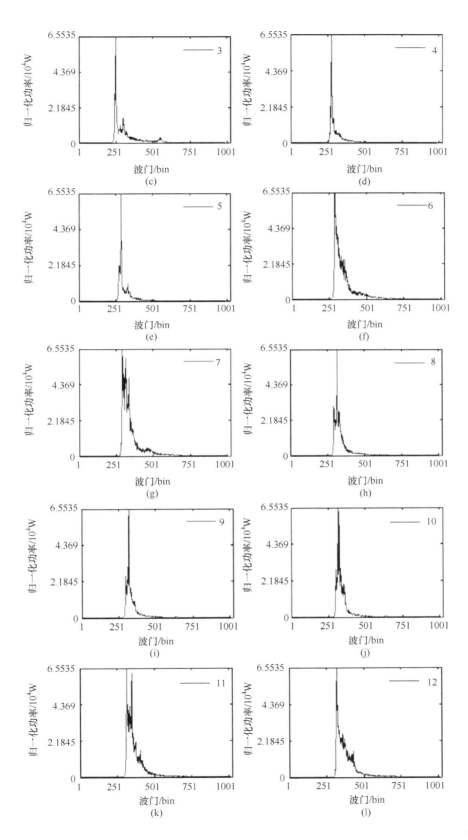

(c)

(d)

(e)

(f)

(g)

(h)

(i)

(j)

(k)

(l)

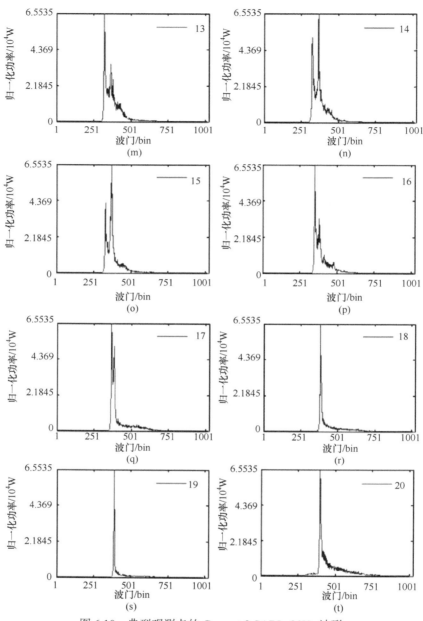

图 6.10　典型观测点的 Cryosat-2 SARIn 20Hz 波形

对应图 6.9（a）中 1~12 号观测点获得的波形

是远星下点，而其他近星下点（如 3 号点和 7 号点等）波形则呈现出较容易处理的似海洋波形。

由此可见，即使对于重污染的 Cryosat-2 SARIn 轨迹，仍包含部分较高质量的观测波形；远星下点观测噪声较多；复杂多波峰波形含有水面信息，但不容易提取。对于中小湖泊，由于过境观测数量有限，抛弃大量多波峰观测容易造成更严重的数据丢失（Ganguly et al.，2015）。Kleinherenbrink 等（2014）设计了一种基于波形互相关的 Cryosat-2 SARIn 多波峰波形处理算法，但实现过程极其复杂。杨乐等（2011）使用组合算法对不同类别的波形区别处理，取得了良好的效果。但已有研究表明，组合算法并不能很好地处理 Cryosat-2 SARIn 波形（Villadsen et al.，2016），因为由组合算法引入的误差会抵消不同类别波形处理时提升的性能。针对以上情况，本节提出一种基于参考水位的新算法。

图 6.11 显示四条过境鄂陵湖和纳木错中心位置的 Cryosat-2 轨迹的波形影像，各轨迹中心点距湖岸距离均在 10km 以上，远大于 Cryosat-2 SARIn 在跨轨方向的分辨率（约 1.6km）。其中，图 6.11（a）和图 6.11（b）属于水面观测，图 6.11（c）和图 6.11（d）属于冰面观测。

从图 6.11 可以看出，相比于图 6.9 所示的近岸观测轨迹，此类过境波形中的湖面信号更强，受陆地噪声的影响相对较小，而且来自冰面的反射波峰较水面更为尖锐。此外，图 6.11（c）中的部分近岸和中心观测同样受到严重的陆地噪声干扰。由此可见，Cryosat-2 SARIn 多波峰波形在湖泊不同位置的过境轨迹中都有存在，只是近岸位置相对较多，对此类复杂波形的成功处理亦有助于提升部分中心区域过境轨迹的水位反演精度。

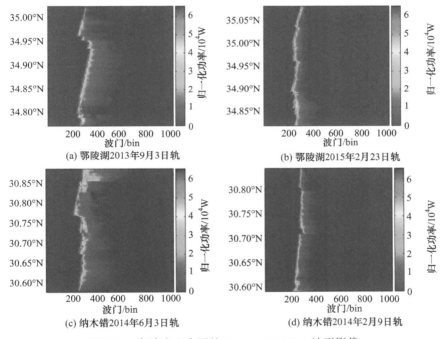

图 6.11　湖泊中心水面的 Cryosat-2 SARIn 波形影像

2. ImpMWaPP 算法流程

改进的重跟踪算法以 Villadsen 等（2016）的 MWaPP 算法为基础，核心在于为每条轨迹计算一个参考水位，并根据参考水位提取出波形中反映水面信息的子波形。ImpMWaPP 算法的实现流程如图 6.12 所示。具体实现步骤如下：

第一步，对于每一个 Cryosat-2 SARIn 20Hz 波形，计算其所有波门对应的高度值，将原波形转换为高度波形。第 i（$i=1,\cdots,p,p$ 为轨迹中的观测数量）个波形的第 j（$j=1,\cdots,k,k$ 为波形中的波门数，此处取 1024 个）个波门对应高度 $H_{\text{bin}}(i,j)$ 的计算公式如下：

$$H_{\text{bin}}(i, j) = H_{\text{alt}}(i) - \frac{c}{2}\text{WD} + w_b(k_0 - j) - H_{\text{geo}}(i) - N_{\text{geoid}}(i) \qquad (6.4)$$

式中，H_{alt} 是卫星至参考椭球的高度；c 是真空中的光速；WD 是窗口延迟；w_b 是波门间距离宽度（Cryosat-2 SARIn 波形为 0.2342m）；k_0 是默认跟踪点的位置（本节所用波形数据为第 512 个波门）；H_{geo} 是大气延迟与地球物理改正；N_{geoid} 是大地水准面至参考椭球的改正量，此处采用 EGM2008 大地水准面（Pavlis at al.，2012），计算网格大小为 1min × 1min。

图 6.13 显示了将波门转换为高度后的 3 条典型轨迹的波形。其中，图 6.13（a）和图 6.13（c）为重污染轨迹，图 6.13（b）为轻污染轨迹。由图可见，经高度转换后，同轨迹波形被置于相同的参考框架下，由于湖面较周边陆地起伏小得多，所以水面信号波峰比来自不同陆地反射点的信号更集中。由于轨迹受污染越重噪声波峰越多，故污染信号在水面信号前后均有分布，但主要集中于水面信号后方。

由于星载高度计存在一定的测高误差，即使信号来自同一表面，高度位置也会出现一定的偏差。为了能更准确地识别湖泊水面波峰，本节结合 Kleinherenbrink 等（2014）给出的结果，将波峰识别间距的最小值设定为 0.30m。实验表明，当将距离分别设定为 0.10～0.50m（步长 0.10m）时，取值 0.30m 可获得最优重跟踪结果。

第二步，计算参考水位（H_{base}）。通常情况下，由于水面信号反映的高度比陆地信号反映的高度更为平稳，H_{base} 可通过稳健统计的方法来获取（Lange，1989）。与 MWaPP

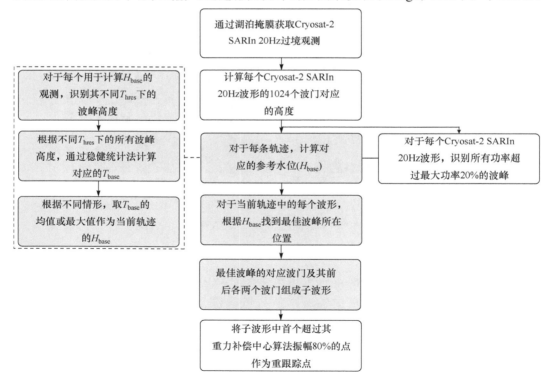

图 6.12　ImpMWaPP 算法实现流程图

T_{hres} 表示最大功率，H_{base} 表示参考水位。灰色部分表示区别于 MWaPP 算法的步骤

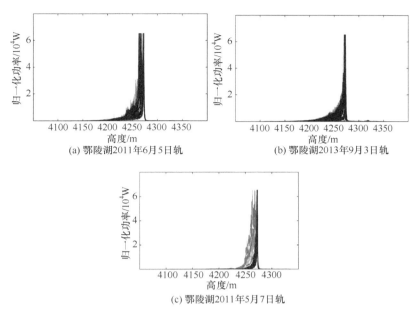

(a) 鄂陵湖2011年6月5日轨

(b) 鄂陵湖2013年9月3日轨

(c) 鄂陵湖2011年5月7日轨

图 6.13　典型 Cryosat-2 SARIn 观测轨迹的高度波形

算法相比，ImpMWaPP 算法以参考水位而非均值波形来识别水面信号，从而使得该算法可以更好地避免陆地噪声的影响。

第三步，对于每一个 Cryosat-2 SARIn 20Hz 波形，将功率超过波形中最大功率的 20% 且与参考水位最接近的波峰作为水面波峰，且由该水面波峰对应的波门与其前后各两个波门共同构成子波形。该子波形即被用以代表波形中的水面反射信号。

第四步，根据 Wingham 等（1986）提出的重力补偿中心算法（3.3.3 节），计算第三步提取子波形的振幅，并将子波形中首个超过该振幅 80%的点作为重跟踪点，即可按式（6.5）计算出重跟踪改正量（郭金运等，2013）。

$$\Delta C_{\text{retrack}} = D_{\text{bins}}(G_r - G_0) = \frac{c}{2} \times \Delta G_a \times (G_r - G_0) \tag{6.5}$$

式中，D_{bins} 是波门间距离；c 是真空中的光速；G_r 是重跟踪后的波门数；G_0 是预设波门位置；ΔG_a 是波门间的时间间隔。

3. 参考水位计算

第一步，筛选用于计算参考水位的观测数据。为削弱噪声干扰，通过设定一个距离阈值 D 滤除轨迹中的远星下点观测值。当轨迹中某一观测的星下点与对应的 Cryosat-2 SARIn 2 级数据中记录的位置之间的距离大于 D 时，该点被视作远星下点并被滤除。每条轨迹对应一个 D 值。D 值的确定方法如下：

（1）对于当前轨迹的每个观测，计算其星下点与 Cryosat-2 SARIn 2 级数据中记录的位置之间的距离，并以 100m 间隔（Δd）构建该距离对应的累积分布函数（cumulative distribution function，CDF）。而后，计算该累积分布函数的二阶差商最小值对应的距离（记作 D_1），第 i 点处的二阶差商（$f[d_{i-1}, d_i, d_{i+1}]$）见式（6.6）。

（2）以所有过境轨迹的所有观测数据为对象，重复（1），所得距离记作 D_2。

（3）以 D_1 和 D_2 的最小值作为 D 值。进行这种处理的原因在于，当轨迹完全由远星下点主导时，仅考虑此轨迹将难以获得合理的 D 值，故而考虑所有轨迹。

$$f[d_{i-1}, d_i, d_{i+1}] = \frac{f[d_i, d_{i+1}] - f[d_{i-1}, d_i]}{2\Delta d}, \quad f[d_{i-1}, d_i] = \frac{f[d_i] - f[d_{i-1}]}{\Delta d} \quad (6.6)$$

以图 6.9 所示的 Cryosat-2 过境轨迹为例，展示 D 值的计算过程（图 6.14）。由于通过该轨迹计算的 D_1 值仅为 200m［图 6.14（a）］，小于通过本研究中鄂陵湖所有 Cryosat-2 过境轨迹获得的 D_2 值（400m）［图 6.14（b）］，依据上述方法，将 D_1 值作为该轨迹的 D 值（200m）。而后以 D 值为距离阈值，滤除相应的远星下点观测，得到用于计算 H_{base} 的观测数据。由于该轨迹被噪声相对较少的星下点观测主导，D_1 值即可代表 D 值。

第二步，计算每条轨迹在不同阈值（T_{hres}）条件下的稳定高度（T_{base}）。T_{hres} 代表波形最大功率的百分比，取 20%~80%，步长为 10%。其中，20%的阈值设置可有效地削弱出现在水面信号前面的噪声影响（Villadsen et al., 2016）。T_{base} 代表一种稳定高度，并与 T_{hres} 取值一一对应，计算方法见式（6.7）。

$$H_q^{off} = T_{base} + \sigma_{obs}\epsilon_q \quad (6.7)$$

$$f(x) = (1-p)\frac{1}{\sqrt{2\pi}}\exp\left(-\frac{x^2}{2}\right) + p\frac{1}{\pi(1+x^2)} \quad (6.8)$$

式中，x 为函数变量；p 为分布概率；H_q^{off} 是第 q 个已选观测的波峰高度；σ_{obs} 是缩放系数；σ_{obs} 是观测噪声项；ϵ_q 符合 Nielsen 等（2015）给出的静态误差混合分布模型，即高

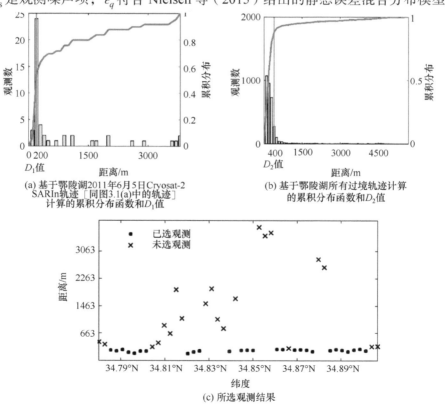

(a) 基于鄂陵湖2011年6月5日Cryosat-2
SARIn轨迹［同图3.1(a)中的轨迹］
计算的累积分布函数和D_1值

(b) 基于鄂陵湖所有过境轨迹计算
的累积分布函数和D_2值

(c) 所选观测结果

图 6.14　计算参考水位的观测点选择

斯分布与柯西分布的混合 [式（6.8）]。混合模型可以有效避免异常波峰高度对 T_{base} 计算的干扰。对所有已选观测运用最大似然估计，即可获得 T_{base} 和 σ_{obs}。需要说明的是，此处的波峰高度是指波形中首个功率超过最大功率 T_{hres} 的波峰对应的波门高度。图 6.15 显示了两条 Cryosat-2 SARIn 过境轨迹在不同 T_{hres} 下的波峰高度和 T_{base} 计算结果。

第三步，确定参考水位（H_{base}）。第一种情形，当某轨迹所有 T_{base} 的标准差不大于 0.10m 时，取所有 T_{base} 的均值作为 H_{base}。此时，不同阈值 T_{hres} 下获得的峰值高度非常接近 [图 6.15（a）]，这类轨迹占所有轨迹的 89%。第二种情形，当某轨迹所有 T_{base} 的标准差大于 0.10m 时，不同阈值 T_{hres} 下的峰值高度变化较大 [图 6.15（b）]，此时以最大 T_{base} 作为 H_{base}，这类轨迹占所有处理轨迹的 11%。由于 ImpMWaPP 算法第一步和第二步已有效地削弱了噪声干扰，通过所选数据获取的第一个稳定信号最能反映水面。需要指出的是，湖泊形状是影响最优阈值选择的关键因素。

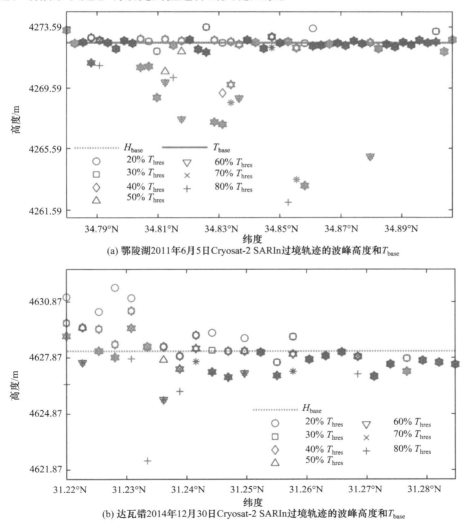

(a) 鄂陵湖2011年6月5日Cryosat-2 SARIn过境轨迹的波峰高度和T_{base}

(b) 达瓦错2014年12月30日Cryosat-2 SARIn过境轨迹的波峰高度和T_{base}

图 6.15　不同情况下的参考水位确定

蓝色和红色符号分别代表已选和已移除的观测

图 6.16 是鄂陵湖 2015 年 2 月 23 日和 2014 年 12 月 31 日冰期轨对应的 H_{base} 和不同阈值的波峰高度。图 6.16（a）中 H_{base}（4272.283m）是 20%阈值条件下的 T_{base}，且该值与实测水位（4272.50m）最为接近。但是值得注意的是，图 6.16（a）中波峰高度的标准差分别为 0.579m（20%）、0.631m（30%）、0.655m（40%）、0.538m（50%）、0.395m（60%）、0.354m（70%）和 0.230m（80%）。可见，80%阈值条件下的波峰高度标准差最小，波峰最集中，但该 T_{base} 却与实测水位偏差最大，出现这种情况与湖面结冰导致的真实冰表面信号过弱有关。图 6.16（b）所示结果与图 6.16（a）情况类似。

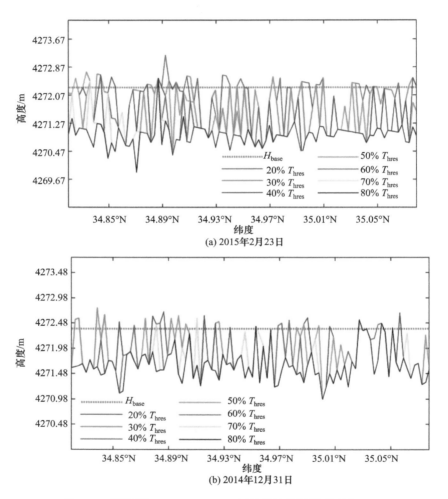

图 6.16   鄂陵湖 Cryosat-2 SARIn 过境轨迹的波峰高度和 H_{base}

因此，选取准确的水面波峰不仅要考虑波峰的集中程度，还要考虑波峰的出现位置。由此可知，当水面信号过弱时，首先出现的波峰更能准确地反映湖面高度，因此本节通过取不同阈值下的最大 T_{base} 获取 H_{base} 的方法更可靠。

6.3.2   水位时间序列构建

构建湖泊 Cryosat-2 SARIn 水位时间序列主要包括以下四个步骤：

第一步，计算沿轨均水位。按照式（6.9）计算轨迹中每个观测点的重跟踪水位 H，观测距离 $R_{\mathrm{m}} = 0.5 \times c \times \mathrm{WD}$，$H_{\mathrm{geo}}$ 包含电离层、干对流层、湿对流层、固体潮、海潮和极潮等改正，C_{retrack} 是重跟踪改正，式（6.9）中其他参数的含义和取值同式（6.4）。而后将第 i（$i = 1,2,\cdots,n$）条轨迹的所有重跟踪水位代入式（6.8），可得对应轨迹的均水位 $\alpha(\mathrm{track}_i)$，n 是湖泊过境轨迹数，其他参数的定义同式（6.6）。

$$H = H_{\mathrm{alt}} - (R_{\mathrm{m}} + H_{\mathrm{geo}} + C_{\mathrm{retrack}}) - N_{\mathrm{geoid}} \qquad （6.9）$$

$$H_i = \alpha(\mathrm{track}_i) + \sigma_{\mathrm{obs}}\epsilon_q \qquad （6.10）$$

为了更好地验证 ImpMWaPP 算法的性能，本节还将其与常用的五种重跟踪算法进行比较，分别是 ESAL2（Cryosat-2 SARIn L2 数据产品采用的算法）、MWaPP、NPPTR［0.8］、NPPTR［0.5］和 NPPOR 算法（Jain et al.，2015；Villadsen et al.，2016）。

第二步，剔除异常单天水位。由于噪声影响，通过第一步计算的单天水位中不可避免地存在一些异常水位，这些水位偏离正常水位数米至数百米，因而在构建水位时间序列之前应先剔除这些异常单天水位。目前，异常单天水位的识别方法包括目视判断、标准差判断（3σ 准则等）、抗差最小二乘估计等（赵云等，2017；Gao et al.，2013；郭金运等，2010）。本节采用目视判断方法剔除异常单天水位（表 6.6）。表 6.7 给出了用于构建 Cryosat-2 水位时间序列的沿轨均水位的均值和标准差。可以看出，本节通过目视判断方法剔除的异常水位是合理的。

表 6.6　水位时间序列构建前已剔除的异常沿轨均水位　　（单位：m）

湖泊名称	ESAL2	MWaPP	NPPTR［0.5］	NPPTR［0.8］	NPPOR	ImpMWaPP
青海湖	3196.316		3197.114	3196.246	3194.727	
					3196.446	
					3196.617	
纳木错	5069.691	5087.456	5087.989	5087.395	5087.663	
扎日南木错	4949.409		4617.650	4982.618	4617.647	
			4982.154		4980.273	
鄂陵湖	—	—	—	—	—	
龙羊峡水库	—	—	—	—	—	
巴木错	4646.898	4706.849	4569.472			
达瓦错	4626.380		4629.480			

表 6.7　用于构建 Cryosat-2 水位时间序列的沿轨均水位的均值和标准差　　（单位：m）

湖泊名称	ESAL2	MWaPP	NPPTR［0.5］	NPPTR［0.8］	NPPOR	ImpMWaPP
青海湖	3195.919	3195.552	3195.903	3195.695	3195.657	3195.539
	［0.24］	［0.22］	［0.22］	［0.22］	［0.23］	［0.22］
纳木错	4726.067	4725.733	4726.235	4725.955	4725.968	4725.715
	［0.30］	［0.33］	［0.46］	［0.36］	［0.43］	［0.32］

湖泊名称	ESAL2	MWaPP	NPPTR [0.5]	NPPTR [0.8]	NPPOR	ImpMWaPP
扎日南木错	4615.237	4614.912	4615.467	4615.149	4615.185	4614.892
	[0.17]	[0.18]	[0.49]	[0.35]	[0.49]	[0.17]
鄂陵湖	4272.831	4272.532	4273.130	4272.834	4272.625	4272.837
	[0.53]	[0.51]	[0.42]	[0.36]	[0.38]	[0.32]
龙羊峡水库	2576.587	2573.791	2574.390	2574.180	2574.122	2573.583
	[1.76]	[4.12]	[4.43]	[4.38]	[4.44]	[3.99]
巴木错	4567.314	4567.085	4567.479	4567.296	4567.190	4567.094
	[0.36]	[0.11]	[0.24]	[0.17]	[0.21]	[0.15]
达瓦错	4627.790	4627.543	4627.723	4627.640	4627.582	4627.429
	[0.21]	[0.41]	[0.22]	[0.290]	[0.31]	[0.28]

注：方括号内数字为标准差；0.5 指子波形窗口最大功率的 50% 为重跟踪点；0.8 指子波形窗口最大功率的 80% 为重跟踪点

第三步，高斯滤波处理。在获取所有"干净"单天水位后，按照时间组成初步水位时间序列，对其进行一维高斯滤波（赵云等，2017），具体加权函数为

$$w(r) = \frac{1}{\sigma\sqrt{2\pi}}\exp\left[-\frac{r^2}{2\sigma^2}\right], r \leqslant R_s \qquad (6.11)$$

式中，r 指时间点；R_s 取湖泊相邻 Cryosat-2 观测的最大时间差；σ 是标准差，此处取 1。经计算，各湖泊 Cryosat-2 观测的时间分辨率分别是：11 天（青海湖）、19 天（纳木错）、27 天（扎日南木错）、33 天（鄂陵湖）、74 天（龙羊峡水库）、46 天（巴木错）、71 天（达瓦错）。图 6.17 显示了基于 ImpMWaPP 算法获取的扎日南木错、鄂陵湖、青海湖和纳木错滤波前后的水位时间序列。可以看出，经滤波处理后的水位时间序列更加平滑，水位变化趋势更为显著。

第四步，修正滤波后获取 Cryosat-2 水位（S_{filter_cs2}）的系统差（$M_{filter-cs2}$）。为更好地评价所获取 Cryosat-2 水位时间序列的精度，本节通过 Cryosat-2 与实测水位序列间的均值差（M_{Insitu}）对其进行改正（Villadsen et al.，2016；Göttl et al.，2016），Cryosat-2 水

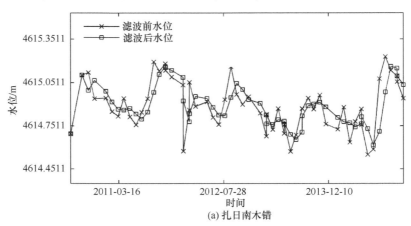

(a) 扎日南木错

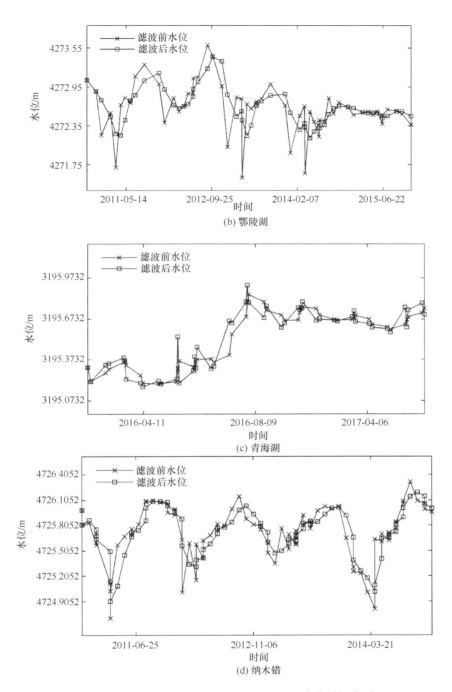

图 6.17　典型湖泊滤波前后的 ImpMWaPP 水位时间序列

位（S_{cs2}）的计算见式（6.12）。此外，式（6.13）是 Cryosat-2 水位（x_i）与实测水位（y_i）之间的均方根误差计算公式，m 代表水位个数。

$$S_{\mathrm{cs2}} = M_{\mathrm{Insitu}} - M_{\mathrm{filter\_cs2}} + S_{\mathrm{filter\_cs2}} \tag{6.12}$$

$$\text{RMSE} = \sqrt{\sum_{i=1}^{n} \frac{(x_i - y_i)^2}{m}} \qquad (6.13)$$

6.3.3 Cryosat-2 SARIn 数据湖泊水位高精度提取结果分析

1. 波形重跟踪点的比较

图 6.18 显示了六种重跟踪算法（ESAL2、MWaPP、NPPTR［0.5］、NPPTR［0.8］、NPPOR 和 ImpMWaPP）对四种典型 Cryosat-2 SARIn 20Hz 波形的重跟踪结果。可以看出，本章提出的 ImpMWaPP 算法在所有波形中均取得了良好的处理效果，成功处理了各种多波峰波形。但是，MWaPP、NPPTR［0.5］、NPPTR［0.8］和 NPPOR 算法未能检索到图 6.18（d）所示波形的水面前缘；ESAL2 未能成功处理图 6.18（b）所示多波峰波形。此外，通过图 6.18（d）还可看出，当波形中水面前缘的区域存在较大噪声时，MWaPP 算法的性能会受到很大影响，而 ImpMWaPP 算法有效避免了这种噪声干扰。

2. 沿轨重跟踪水位的比较

图 6.19 显示了 Cryosat-2 于 2014 年 5 月 4 日过境巴木错轨迹的所有重跟踪水位。从图 6.19（a）和图 6.19（b）可以看出，由于受到周边地形的影响，该轨迹中含有大量具

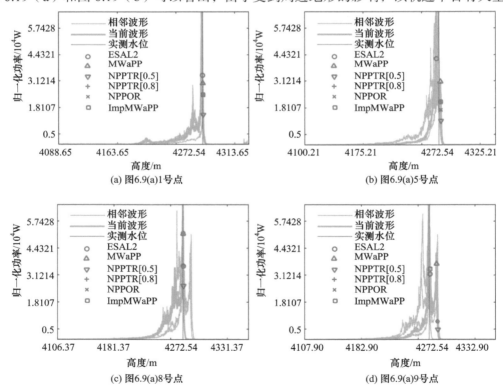

图 6.18　四种典型多波峰波形的重跟踪结果

洋红数字代表实测水位

有复杂波形的远星下点观测。从图 6.19（c）还可以看出，相较于其他五种算法，利用ImpMWaPP 算法获取的重跟踪水位更加平稳，特别是对于近湖岸和远星下点观测。上述六种算法对应的重跟踪水位的标准差分别是：1.17m（ESAL2）、0.62m（MWaPP）、1.24m（NPPTR［0.5］）、1.25m（NPPTR［0.8］）、1.24m（NPPOR）和 0.23m（ImpMWaPP）。

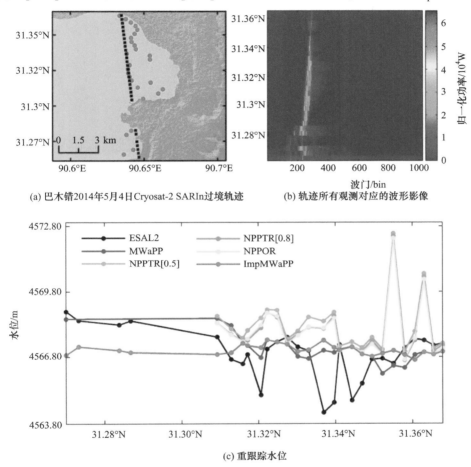

(a) 巴木错2014年5月4日Cryosat-2 SARIn过境轨迹　　(b) 轨迹所有观测对应的波形影像

(c) 重跟踪水位

图 6.19　基于六种重跟踪算法的沿轨重跟踪水位

图（a）中，黑点表示观测的星下点位置，红点表示对应观测的 L2 位置

此外，图 6.19（c）中丢失的水位（主要位于小于 31.31°N 的区域）为大于 4575m 的水位，这些异常值主要由 MWaPP、NPPTR［0.5］、NPPTR［0.8］和 NPPOR 算法产生。因此，除获取的重跟踪水位更加稳定以外，ImpMWaPP 算法还能成功处理更多的污染观测，这有利于高精度反演中小湖泊的水位。

图 6.20 显示了四条具有较高观测质量的过境轨迹的重跟踪水位。ImpMWaPP 水位和MWaPP 水位之间的均方根误差分别为 0.15m、0.16m、0.14m 和 0.14m，平均均方根误差为 0.15m；两种重跟踪水位的标准差分别为 0.14m 和 0.17m、0.17m 和 0.22m、0.16m 和0.18m、0.14m 和 0.18m，标准差偏差的均值为 0.035m。

由此可见，即使对于高质量观测，ImpMWaPP 水位也较 MWaPP 水位更稳定，两种算法间的系统偏差约 0.15m。此外，由于不能有效掌握水信号前缘陆地噪声波形的影响，即使较小的陆地噪声也会造成 NPPTR［0.5］和 NPPOR 较大的重跟踪偏差，而 NPPTR［0.8］偏差较小，因此对于 NPPTR 算法，本节建议选择 80%阈值。ESAL2 算法对波形质量要求更高，对于少数 ImpMWaPP 算法和 MWaPP 算法都能成功处理的低噪声波形，此算法未能有效处理，因而需要辅助更有效的波形选择算法，才能由该算法获得高精度湖泊水位。

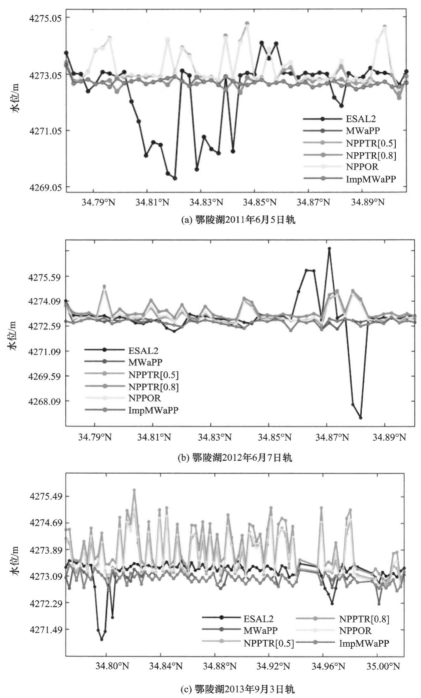

(a) 鄂陵湖2011年6月5日轨

(b) 鄂陵湖2012年6月7日轨

(c) 鄂陵湖2013年9月3日轨

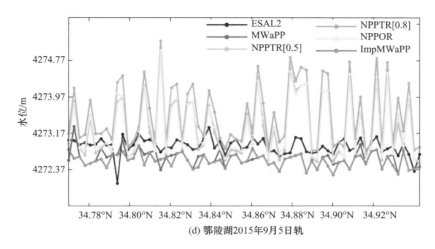

(d) 鄂陵湖2015年9月5日轨

图 6.20　ImpMWaPP 与 MWaPP 的沿轨重跟踪水位比较

3. 时间序列的比较

表 6.8 列出了通过上述六种重跟踪算法获取的 Cryosat-2 水位时间序列与实测水位之间的均方根误差。

表 6.8　基于六种重跟踪算法的 Cryosat-2 水位时间序列与实测水位之间的均方根误差

湖泊名称	ESAL2	MWaPP	NPPTR［0.5］	NPPTR［0.8］	NPPOR	ImpMWaPP
青海湖	0.113 m	0.092 m	0.096 m	0.121 m	0.114 m	0.085 m
	［48, 48］	［49, 49］	［48, 48］	［48, 48］	［46, 46］	［49, 49］
纳木错	0.094 m	0.094 m	0.240 m	0.159 m	0.213 m	0.093 m
	［78, 36］	［78, 36］	［78, 36］	［78, 36］	［78, 36］	［79, 36］
扎日南木错	0.120 m	0.106 m	0.254 m	0.192 m	0.257 m	0.109 m
	［58, 50］	［59, 51］	［57, 49］	［58, 50］	［57, 49］	［59, 51］
鄂陵湖	0.314 m	0.289 m	0.241 m	0.164 m	0.189 m	0.159 m
	［58, 58］	［58, 58］	［58, 58］	［58, 58］	［58, 58］	［58, 58］
龙羊峡水库	3.701 m	0.871 m	0.930 m	0.951 m	0.921 m	0.573 m
	［5, 5］	［5, 5］	［5, 5］	［5, 5］	［5, 5］	［5, 5］
巴木错	0.397 m	0.079 m	0.251 m	0.156 m	0.210 m	0.087 m
	［7, 5］	［7, 5］	［7, 6］	［8, 6］	［8, 6］	［8, 6］
达瓦错	0.112 m	0.146 m	0.128 m	0.105 m	0.143 m	0.122 m
	［5, 5］	［6, 5］	［5, 4］	［6, 5］	［6, 5］	［6, 5］

注：方括号内数字代表 Cryosat-2 水位时间序列中的水位个数（前面）和用于均方根误差计算的实测水位个数（后面）；由于实测水位并非连续测量得到，方括号内两个数字并非完全一致

从表 6.8 可以看出，ImpMWaPP 算法在青海湖、纳木错、鄂陵湖和龙羊峡水库均取得最优结果；同时，ImpMWaPP 算法在所有湖泊的平均均方根误差（0.175m）最小。此外，对于青海湖，ImpMWaPP 算法获得的均方根误差（0.085m）优于赵云等（2017）基

于 Cryosat-2 LR 模式数据取得的最优均方根误差（0.093m）；对于纳木错，ImpMWaPP 算法获得的均方根误差（0.093m）亦优于 Song 等（2015）获得的均方根误差（0.18m）。

此外，其他算法的平均均方根误差分别为：0.693m（ESAL2）、0.240m（MWaPP）、0.306m（NPPTR［0.5］）、0.264m（NPPTR［0.8］）和 0.292m（NPPOR）。上述算法获取的均水位数分别为：259 个（ESAL2）、262 个（MWaPP）、258 个（NPPTR［0.5］）、261 个（NPPTR［0.8］）、258 个（NPPOR）和 264 个（ImpMWaPP）。可见，通过 ImpMWaPP 算法还可获得略多的有效均水位，这对于获取湖泊水位的季节性变化信息也有一定的积极意义。

除了鄂陵湖和龙羊峡水库，MWaPP 算法在其他湖泊取得了与 ImpMWaPP 算法相近的结果。从整体上看，ImpMWaPP 算法和 MWaPP 算法较其他算法提供了更好的均方根误差。与其他算法相比，基于 ImpMWaPP 算法构建的水位时间序列含有略多的有效水位，这对于更好地监测过境数据较少的湖泊水位变化具有一定的积极意义。

图 6.21 比较了上述六种算法获取的典型湖泊的 Cryosat-2 水位时间序列与实测水位。可以看到，基于 ImpMWaPP 算法的 Cryosat-2 水位时间序列与实测水位保持了良好的一致性。MWaPP 算法和 ESAL2 算法在青海湖、纳木错和扎日南木错的结果良好；但是对于鄂陵湖，由于许多观测波形中水面信号偏弱，两种算法未能正确处理这类观测，从

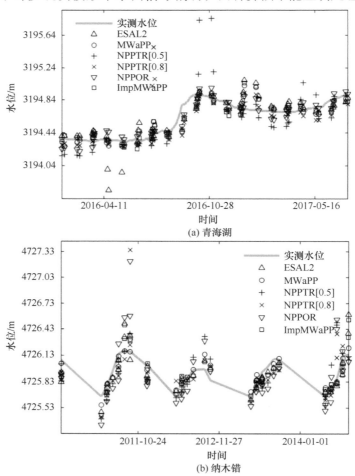

(a) 青海湖

(b) 纳木错

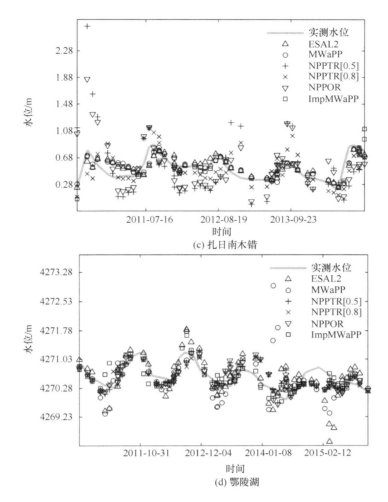

图 6.21　基于六种重跟踪算法获取的典型湖泊的 Cryosat-2 水位时间序列与实测水位之间的比较

而导致部分水位计算值较实测值偏小。此外，由于受到波形中较大陆地噪声的影响，特别是出现在水面前缘以前的噪声，NPPTR［0.5］、NPPTR［0.8］和 NPPOR 三种算法在扎日纳木错的部分结果存在明显偏差。

　　图 6.22 是基于六种重跟踪算法获取的鄂陵湖 Cryosat-2 水位时间序列与实测水位间偏差的空间分布。结果显示，ImpMWaPP 算法具有最优表现，绝大多数偏差均小于 0.3m；而对于冰期轨迹和狭窄水面轨迹，ESAL2 算法和 MWaPP 算法对应的偏差大多超过 0.3m；同时，NPPTR［0.5］算法、NPPTR［0.8］算法和 NPPOR 算法的结果相近，但是均差于 ImpMWaPP 算法所取得的结果。

　　图 6.23 显示了 ImpMWaPP 算法获得的水位时间序列与实测水位之间偏差在其他六个湖泊的分布情况。可以看出，与鄂陵湖情况类似，在所有湖泊中的偏差大多小于 0.20m，尤其是近岸观测轨迹反演水位的精度得到明显提高。值得注意的是，龙羊峡水库的一个中心过境轨迹的水位偏差超过 1m，经过查看，该条轨迹获取于 2016 年 10 月 3 日，此时当地正处于雨季，实测水位是位于早上 8 点记录，而 Cryosat-2 SARIn 观测时间是晚上 10点，因此白天的显著降水或人工蓄水可能是导致此偏差过大的主要原因。

4. 结冰期与非冰期结果的比较

湖面结冰会影响到重跟踪算法的性能(Crétaux et al., 2016; Sørensen et al., 2011)。因为 Cryosat-2 SARIn 观测区内的湖泊普遍有结冰现象，所以本节对上述算法在湖泊结冰期与非冰期的性能进行了探讨。表 6.9 和表 6.10 分别列出了上述算法在青海湖、纳木错、扎日南木错、鄂陵湖的冰期和非冰期的 Cryosat-2 水位时间序列与实测水位之间的均方根误差。结果显示，MWaPP 算法和 ESAL2 算法的大部分非冰期结果优于结冰期结果；而 ImpMWaPP 算法在这两个时期均取得了良好结果，冰期均方根误差均值为 0.119m，非冰期均方根误差均值为 0.111m；除鄂陵湖外，NPPTR［0.8］、NPPTR［0.5］和 NPPOR 三种算法在非冰期的结果明显差于其他算法。因此，与其他算法相比，ImpMWaPP 算法更适用于冬季会结冰的湖泊。

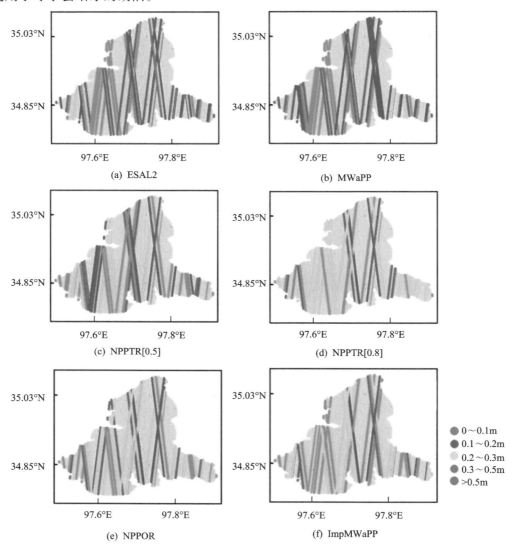

图 6.22　鄂陵湖 Cryosat-2 水位时间序列与实测水位之间偏差的空间分布

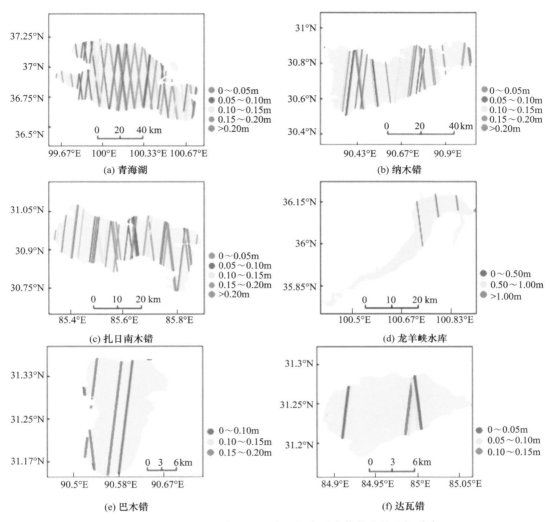

图 6.23　六个湖泊 ImpMWaPP 水位时间序列与实测水位偏差的空间分布

表 6.9　四个湖泊结冰期的 **Cryosat-2** 水位时间序列与实测水位之间的均方根误差

湖泊名称	ESAL2	MWaPP	NPPTR［0.5］	NPPTR［0.8］	NPPOR	ImpMWaPP
青海湖	0.138 m	0.073 m	0.078 m	0.075 m	0.094 m	0.079 m
	［23］	［23］	［23］	［23］	［22］	［23］
纳木错	0.133 m	0.136 m	0.276 m	0.170 m	0.217 m	0.131 m
	［2］	［2］	［2］	［2］	［2］	［2］
扎日南木错	0.126 m	0.120 m	0.264 m	0.228 m	0.239 m	0.111 m
	［14］	［14］	［14］	［14］	［14］	［14］
鄂陵湖	0.402 m	0.370 m	0.182 m	0.168 m	0.168 m	0.156 m
	［23］	［23］	［23］	［23］	［23］	［23］

注：方括号内数字为参与计算的实测水位数量

表 6.10　四个湖泊非冰期的 Cryosat-2 水位时间序列与实测水位之间的均方根误差

湖泊名称	ESAL2	MWaPP	NPPTR [0.5]	NPPTR [0.8]	NPPOR	ImpMWaPP
青海湖	0.083 m	0.107 m	0.111 m	0.152 m	0.130 m	0.089 m
	[25]	[26]	[25]	[25]	[24]	[26]
纳木错	0.091 m	0.091 m	0.237 m	0.159 m	0.213 m	0.091 m
	[34]	[34]	[34]	[34]	[34]	[34]
扎日南木错	0.118 m	0.096 m	0.251 m	0.175 m	0.263 m	0.104 m
	[36]	[37]	[35]	[36]	[35]	[37]
鄂陵湖	0.239 m	0.219 m	0.273 m	0.161 m	0.201 m	0.161 m
	[35]	[35]	[35]	[35]	[35]	[35]

注：方括号内数字为参与计算的实测水位数量

5. 沿轨水位标准差的比较

为了进一步比较上述六种重跟踪算法的性能，表 6.11 列出了六种算法在每个湖泊所有轨迹的沿轨水位标准差的均值和中值。ImpMWaPP 算法在所有湖泊中取得的结果均最小，表明该算法能获取到更可靠的湖泊水位。此外，NPPTR [0.5]、NPPTR [0.8] 和 NPPOR 三种算法获得的结果相近，但是均差于其他三种算法取得的结果。

表 6.11　七个湖泊六种重跟踪算法的沿轨水位标准差的均值和中值

湖泊名称	ESAL2	MWaPP	NPPTR [0.5]	NPPTR [0.8]	NPPOR	ImpMWaPP
青海湖	0.170m	0.145m	0.413m	0.394m	0.396m	0.098m
	[0.116m]	[0.092m]	[0.401m]	[0.366m]	[0.379m]	[0.084m]
纳木错	0.251m	0.246m	0.490m	0.479m	0.472m	0.208m
	[0.137m]	[0.156m]	[0.457m]	[0.422m]	[0.446m]	[0.102m]
扎日南木错	0.213m	0.241m	0.674m	0.636m	0.618m	0.108m
	[0.158m]	[0.157m]	[0.502m]	[0.463m]	[0.475m]	[0.105m]
鄂陵湖	0.256m	0.239m	0.267m	0.254m	0.254m	0.129m
	[0.122m]	[0.105m]	[0.216m]	[0.229m]	[0.217m]	[0.097m]
龙羊峡水库	0.668m	0.295m	0.532m	0.464m	0.519m	0.126m
	[0.442m]	[0.098m]	[0.622m]	[0.350m]	[0.608m]	[0.089m]
巴木错	0.389m	0.461m	0.626m	0.594m	0.581m	0.178m
	[0.190m]	[0.182m]	[0.697m]	[0.651m]	[0.662m]	[0.127m]
达瓦错	0.320m	0.224m	0.478m	0.461m	0.523m	0.128m
	[0.239m]	[0.163m]	[0.480m]	[0.487m]	[0.492m]	[0.110m]

注：方括号内数字为标准差的中值

6.3.4　小结

对复杂多波峰波形的重跟踪处理一直都是湖泊水位高精度反演的难点和热点。本节提出了一种改进的用于处理 Cryosat-2 SARIn 多波峰波形的重跟踪算法（ImpMWaPP）。ImpMWaPP 算法并非单一波形处理算法，其核心是通过稳健统计获取一个参考水位，而后根据该水位识别波形中的水面信号。为了探究此新算法的性能，利用已有的五种重跟踪算法进行了比较分析。

结果表明，ImpMWaPP 算法能更好地处理 Cryosat-2 SARIn 多波峰波形，且对结冰期轨迹和非冰期轨迹均具有优异的处理性能。不足之处是，ImpMWaPP 算法需要用到经过重新定位的 Cryosat-2 SARIn L2 观测数据，这在一定程度上增加了数据的下载和处理成本。此外，其他已有算法也有自身优势，如对于受陆地噪声污染较少的观测，Cryosat-2 SARIn L2 数据产品即可提供高精度的水位；对于非冰期观测，MWaPP 算法也同样具有出色的处理性能。

6.4 新型星载雷达高度计计划及展望

6.4.1 SWOT 卫星

SWOT 卫星属于新一代测高卫星，计划于 2021 年发射，由美国国家航空航天局、法国空间研究中心、加拿大航天局和英国航天局联合研制，任务是更高精度地监测地表水变化和更细地观测海洋表面地形，其在 1km 海面网格内的测高精度优于 2cm。SWOT 卫星被美国国家研究委员会推荐为"未来 10 年 NASA 承担的地球科学和应用的国家重点计划"，卫星轨道高度为 890km，轨道倾角为 77.6°，能覆盖地球上约 90% 的内陆水体，重复周期为 20.86 天，预计寿命为 3 年。

SWOT 卫星搭载两台微波高度计，主要包括一个 Ka 波段的雷达干涉计（KaRIN），它能对地表进行高精度、高分辨率的宽刈幅干涉测量；一个类似于 Jason-2/Poseidon 的有限脉冲式的双频（Ku 和 C 波段）传统剖面高度计；一个类似于 Jason-2/ARM 的三频微波辐射计；一套卫星精密定轨/定位系统。其中，KaRIN 是 SWOT 卫星最重要的载荷，是与传统剖面高度计的主要不同及改进之处。它是一个 Ka 波段（35 GHz）的雷达干涉计，包含左右两个 5m 长的雷达天线，形成一个 10m 长的基线吊杆（图 6.24）。两个天线分别接收星下点以外的地表信号，根据这两个信号存在的相位差，精确确定目标的侧视角度。而在以星下点为中心的 20 km 范围内（图 6.24 蓝色虚线位置），两天线获取信号的相位差太小，无法精确确定侧视角度，因此需要使用星下天线和其中一个干涉天线进行代替。雷达回波采用脉冲压缩技术，地表目标到卫星的距离通过雷达信号的往返时间来获取。根据卫星的轨道位置，精确确定地表目标相较某一参考面的高程（Fu and Rodriguez，2004；Durand et al.，2010a，2010b）。

SWOT 卫星的观测幅宽可达 120 km，它可以同时获取二维的高度信息，获取影像的方位向分辨率约 6m，距离向分辨率为 60～10m（Biancamaria et al.，2016），其主要性能参数可参考表 6.12。与传统有限脉冲高度计相比，SWOT 卫星的重复周期为 20 天，比重复周期为 30 天的 ESR 和 ENVISAT 卫星的重复周期短，但比重复周期为 10 天的 TP/Jason 卫星的重复周期长。在海洋上，SWOT 卫星的空间分辨率（10～20km）比传统测高卫星的空间分辨率（100～150km）高一个数量级，因此即使对河宽 100m 的内陆水体也具有很好的观测能力，而传统高度计通常无能为力。SWOT 卫星在大于 20km×20km 分辨率范围内可实现与传统高度计 150km×150km 分辨率范围（大面积平均）相当的厘米级测高精度。同时，SWOT 卫星 20～120km 的幅宽观测能力远远大于传统测高卫星

2～10km 的沿轨幅宽观测能力，因此 SWOT 卫星在刈幅内可以避免采样时间的不一致性，克服陆海边界的影响。

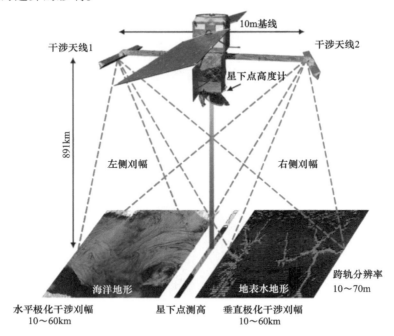

图 6.24　SWOT 卫星的基本配置（Fu and Rodriguez，2004）

表 6.12　SWOT 卫星的 KaRIN 系统指标与有限脉冲雷达测高卫星的对比

主要参数	有限脉冲雷达测高卫星	SWOT 卫星
时间分辨率	重复周期：10～30 天	重复周期：20 天
空间分辨率	海洋：100～150km（网格） 内陆水体：2～10km（沿轨）	海洋：水平分辨率 10～20km（网格） 内陆水体：100m×100m（网格）
测高精度	2～5cm（150km×150km）	2cm（20km×20km）
测绘幅宽	2～10km（沿轨）	20～120km

除 kaRIN 干涉测量外，对于星下点近 20km 范围内的测量，SWOT 卫星将通过传统有限脉冲高度计来进行测量。但传统有限脉冲高度计除了进行常规精确的星下点剖面测量外，还具有以下两个更为主要的作用：①SWOT 卫星上搭载的传统有限脉冲高度计系统提供电离层延迟、对流层延迟和海况偏差等环境效应改正数，这些改正数可为 KaRIN 干涉计的距离观测值提供改正参考。②通过 SWOT 卫星搭载的传统高度计确保新旧高度计系统的一致性。干涉计 KaRIN 与传统有限脉冲高度计同时伴飞，能提供足够的交叉校准/检验，这有利于理解干涉计 KaRIN 与传统高度计观测值之间系统偏差，从而可采取必要步骤确保两种观测值之间的一致性。

6.4.2　Jason-CS/Sentinel-6

Jason-CS（Jason continuity of service）/Sentinel-6 卫星为 1992 年启动的哥白尼计划的

一部分，为 Jason-3 的后继卫星，任务是高精度地观测海洋表面变化，获取的海面变化趋势误差小于 1mm/a（Scharroo et al.，2016）。该卫星由欧洲空间局、欧洲气象卫星应用组织、欧盟、美国国家海洋和大气管理局、法国空间研究中心、美国国家航空航天局喷气推进实验室联合研制，计划于 2020 年和 2026 年分别发射 Jason-CSA/Sentinel-6A 和 Jason-CSB/Sentinel-6B，两者性能相同，设计寿命均为 5.5 年。其中，欧洲气象卫星应用组织主要负责该卫星地面段的开发、运营和数据分发服务等。对于该卫星的预期性能，最终用户要求其在海面高度、有效波高和风速反演方面至少与 Jason-2 有相同表现，如 Ku 波段距离测量误差不超过 1.7cm 等。

Jason-CS/Sentinel-6 卫星的轨道高度为 1336km，轨道倾角为 66°，重复周期为 10 天，地面轨迹在赤道上的间距为 315km，这与 Jason 系列的其他卫星（TOPEX/Poseidon、Jason-1、Jason-2 和 Jason-3）相一致。该卫星搭载雷达测高仪 Poseidon-4（Ku 和 C 波段）、微波辐射计 AMR-C（advanced microwave radiometer-C）、精密定轨设备（包括全球卫星导航系统 GNSS-POD、DORIS 系统、激光后向反射阵列）和全球导航卫星无线电掩星系统（GNSS-radio occultation，GNSS-RO）等。其中，GNSS-RO 可用于提供气压、气温、水汽含量、电离层有关数据等，主要服务气象用户。

Poseidon-4 采用 Interleaved 的工作模式（图 6.25），即连续高速脉冲模式。该模式与 Cryosat-2 等的 LR 模式类似，只是具有更高的脉冲重复频率（约 9kHz），通过星上和地面的处理，分别获得 LR 模式波形和爆发（Burst）模式波形，并由不同数据产品提供。Jason-CS/Sentinel-6 数据服务分为近实时（near real time，NRT）、短时临界（short time critical，STC）和非时紧迫（non time critical，NTC）三个层级，各个层级又含有 1 级、2 级和 3 级等多种产品，分别对应 Jason-3 的 OGDR、IGDR 和 GDR 产品，数据更新时间分别为 3h、36h 和 60 天。

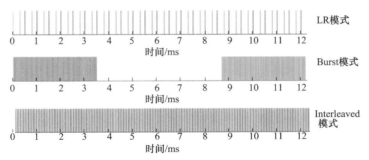

图 6.25　Interleaved 模式下的信号发射（红色）与接收（绿色）示意图
（Scharroo et al.，2016）

6.4.3　新型星载雷达高度计陆地应用及展望

由于对地表具有高精度、高分辨率宽刈幅测高，SWOT 卫星除了具有传统有限脉冲高度计对陆地水体水位测量的能力外，其在陆地的应用还可扩展为陆地水文观测应用。陆地水文观测主要包括河川径流及湖泊、水库、湿地、洪水泛滥区等水储量、流速、流向等的变化。传统测高卫星能提供水面高程测量值，但是存在一定缺陷：①剖面高度计不同轨道之间存在上百千米的数据空白，而湖泊一般面积较小，即使多颗高度计同时观测也可能对正在消失的湖泊无法观测（Smith et al.，2005）。②传统测高技术在卫星过境的河流上可进行点测量获取河面高程，但无法提供必要的面观测值来估计河流流速及流向（Alsdorf et al.，2007）。而 SWOT 卫星能提供地表水体高程变化的二维面观测，由此可反演出水流流速、流向、流量的变化，这对于现在的一维水文站和传统高度计观测是一个本质上的突破。Solander 等（2016）指出 SWOT 卫星可监测宽度超过 100m 的河流和面积超过 250m^2 的湖泊或水库，对面积大于 1km^2 湖泊的测高误差不超过 15cm，水面测量误差低于 5%。而传统有限脉冲雷达高度计只在极少数情况下才可有效监测到面积在 10km^2 以下湖泊的水位（Baup et al.，2014）。

在全球范围内，面积大于 0.1hm^2 的湖泊有 3 亿个，面积大于 1.0hm^2 的湖泊有 3000万个（Downing et al.，2006）。世界大部分的湖泊出现在 45°N 以北，而在这些湖泊上几乎没有水位计或测高观测存在，无数面积较小的湖泊缺乏观测，对全球水储量的估计出现了瓶颈，而 SWOT 卫星将从根本上解决这个难题。SWOT 卫星将监测面积超过 250m^2 的湖泊、水库、湿地等陆地表面水体以及宽度超过 100m 河流的水储量变化，因此 SWOT 卫星具有对全球 80% 以上的水储量变化进行精确观测的能力。

此外，SWOT 卫星还可解决湿地经流（wetland flows）和洪水动态的监测问题。目前，湿地和洪水泛滥区很难获取野外观测数据，因此也就几乎没有观测值来约束洪水动态的建模与预测。利用 SWOT 卫星观测的陆地水面高度随时间和空间的变化信息可反演出整个流域内水资源（储量、流速、流向等）的变化，进而反演出该区域洪水的流速与流向，为防灾减灾提供支持（Alsdorf et al.，2007）。

因此，SWOT 的观测可以解决如下陆地水文观测问题：①获取到达海洋的河流和湖泊的淡水径流在全球的分布状况，以及流域内水储量的季节和年际变化状况；②了解洪水淹没区水资源的存储情况，以及与河流主干和支流的交换情况；③解决区域或陆地尺度上，河流及其流域对气候变化的响应，以及洪水的影响范围等问题。

目前，我国新一代海洋动力环境卫星中，已计划搭载新型宽幅成像高度计，它将采用三对干涉波束，其中左右两对小角度侧视干涉波束主要用于实现宽刈幅测量，而星下点的一对干涉波束除了具备传统有限脉冲高度计的高度模式外，还将为干涉基线倾角的测量提供帮助（Zhang et al.，2014），以弥补卫星姿态测量能力难以满足宽刈幅范围内高精度测高要求的不足。同时，还将采用多载频技术，一方面可获得更大的信号合成带宽，提高星下点干涉波束的测高能力；另一方面有利于提高干涉基线倾角的测量精度。该思路设计的 Ku 波段宽刈幅干涉高度计已在天宫二号空间实验室中得到试验性应用，为我国发展自己的宽刈幅高度计卫星提供支持。

6.5 本 章 小 结

本章以新型星载雷达高度计 Cryosat-2 SARIn 和天宫二号 SARIn 为例，研究了 Cryosat-2 SARIn 波形数据的重跟踪处理方法，以及天宫二号 SARIn 数据提取湖泊水位的应用潜力，探讨了新型星载雷达高度计数据的处理及在陆地湖泊水位提取的应用，最后介绍了即将发射的新型星载雷达高度计 SWOT 及 Jason-CS/Sentinel-6 等卫星的相关技术指标，展望了它们在陆地应用领域的潜力。

参 考 文 献

鲍青柳, 林明森, 张有广, 等. 2017. 三维成像微波高度计风速反演. 遥感学报, 21(6): 835-841.

郭金运, 高永刚, 黄金维, 等. 2009. 沿海雷达卫星测高波形重定多子波参数方法和重力异常恢复. 中国科学(地球科学)39(9): 1248-1255.

郭金运, 孙佳龙, 常晓涛, 等. 2010. TOPEX/Poseidon 卫星监测博斯腾湖水位变化及其与 NINO3 SST 的相关性分析. 测绘学报, 39(3): 221-226.

郭金运, 常晓涛, 孙佳龙, 等. 2013. 卫星雷达测高波形重定及应用. 北京: 测绘出版社.

刘战, 2018. 干涉延迟多普勒雷达高度表测高仿真研究. 西安: 西安电子科技大学博士学位论文.

阎敬业. 2005. 星载三维成像雷达高度计系统设计与误差分析. 北京: 中国科学院空间科学与应用研究中心博士学位论文.

杨劲松, 任林, 郑罡. 2017. 天宫二号三维成像微波高度计对海洋的首次定量遥感. 海洋学报, 39(2): 129-130.

杨乐, 林明森, 张有广, 等. 2011. 基于波形分类和子波形提取的雷达高度计近海波形重构算法. 中国科学(地球科学), (11): 1706-1713.

张云华, 许可, 李茂堂, 等. 1999. 星载三维成像雷达高度计研究. 遥感技术与应用, 14(1): 11-14.

张云华, 姜景山, 张祥坤, 等. 2004. 三维成像雷达高度计机载原理样机及机载试验. 电子学报, 32(6): 899-902.

赵云, 廖静娟, 沈国状, 等. 2017. 卫星测高数据监测青海湖水位变化. 遥感学报, 21(4): 633-644.

Abulaitijiang A, Andersen O B, Stenseng L. 2015. Coastal sea level from inland CryoSat-2 interferometric SAR altimetry. Geophysical Research Letters, 42: 1841-1847.

Alsdorf D E, Rodriguez E, Lettenmaier D. 2007. Measuring surface water from space. Reviews of Geophysics, 45(2): RG2002.

Armitage T W K, Davidson M W J. 2014. Using the interferometric capabilities of the ESA CryoSat-2 mission to improve the accuracy of sea ice freeboard retrievals. IEEE Transactions on Geoscience and Remote Sensing, 52(1): 529-536.

Baup F, Frappart F, Maubant J. 2014. Combining high-resolution satellite images and altimetry to estimate the volume of small lakes. Hydrology and Earth System Sciences, 18: 2007-2020.

Biancamaria S, Lettenmaier D P, Pavelsky T M. 2016. The SWOT mission and its capabilities for land hydrology. Surveys in Geophysics, 37: 307-337.

Bouzinac C. 2018. CryoSat-2 Product Handbook. https: //earth.esa.int/documents/10174/125272/CryoSat_Product_Handbook[2018-11-15].

Crétaux J F, Abarca-Del-Río R, Bergé-Nguyen M, et al. 2016. Lake volume monitoring from space. Surveys in Geophysics, 37(2): 269-305.

Downing J A, Prairie Y T, Cole J J, et al. 2006. The global abundance and size distribution of lakes, ponds, and impoundments. Limnology & Oceanography, 51(5): 2388-2397.

Durand M, Rodriguez E, Alsdorf D E, et al. 2010a. Estimating river depth from remote sensing swath interferometry measurements of river height, slope, and width. IEEE Journal of Selected Topics in Applied Earth Observations and Remote Sensing, 3(1): 20-31.

Durand M, Fu L L, Lettenmaier D P, et al. 2010b. The surface water and ocean topography mission: observing terrestrial surface water and oceanic submeso scale eddies. Proceeding of the IEEE, 98: 766-779.

Fu L L, Rodriguez R. 2004. High-resolution measurement of ocean surface topography by radar interferometry for oceanographic and geophysical applications. American Geophysical Union, 150: 209-224.

Galin N, Wingham D J, Cullen R, et al. 2013. Calibration of the CryoSat-2 interferometer and measurement of across-track ocean slope. IEEE Transactions on Geoscience and Remote Sensing, 51(1): 57-72.

Ganguly D, Chander S, Desai S, et al. 2015. A subwaveform based retracker for multipeak waveforms: a case study over Ukai Dam/Reservoir. Marine Geodesy, 38(sup1): 580-596.

Gao L, Liao J, Shen G. 2013. Monitoring lake-level changes in the Qinghai-Tibetan Plateau using radar altimeter data(2002–2012). Journal of Applied Remote Sensing, 7(1): 8628-8652.

Göttl F, Dettmering D, Müller F, et al. 2016. Lake level estimation based on CryoSat-2 SAR altimetry and multi-looked waveform classification. Remote Sensing, 8(11): 885-901.

Jain M, Andersen O B, Dall J, et al. 2015. Sea surface height determination in the Arctic using Cryosat-2 SAR data from primary peak empirical retrackers. Advances in Space Research, 55(1): 40-50.

Jensen J R. 1999. Radar altimeter gate tracking: theory and extension. IEEE Transactions on Geoscience and Remote Sensing, 37(2): 651-658.

Kleinherenbrink M, Ditmar P G, Lindenbergh R C. 2014. Retracking Cryosat data in the SARIn mode and robust lake level extraction. Remote Sensing of Environment, 152: 38-50.

Kleinherenbrink M, Lindenbergh R C, Ditmar P G. 2015. Monitoring of lake level changes on the Tibetan Plateau and Tian Shan by retracking Cryosat SARIn waveforms. Journal of Hydrology, 521: 119-131.

Lange K L. 1989. Robust statistical modeling using the t distribution. Journal of the American Statistical Association, 84(408): 881-896.

Nielsen K, Stenseng L, Andersen O B, et al. 2015. Validation of CryoSat-2 SAR mode based lake levels. Remote Sensing of Environment, 171: 162-170.

Nielsen K, Stenseng L, Andersen O B, et al. 2017. The performance and potentials of the CryoSat-2 SAR and SARIn modes for lake level estimation. Water, 9(6): 374.

Pavlis N K, Holmes S A, Kenyon S C, et al. 2012. The development and evaluation of the Earth Gravitational Model 2008(EGM2008). Journal of Geophysical Research-Solid Earth, 117(B4): 1-38.

Raney R K. 1998. The delay/doppler radar altimeter. IEEE Transactions on Geoscience and Remote Sensing, 36(5): 1578-1588.

Ray C, Martin-Puig C, Clarizia M P, et al. 2015. SAR altimeter backscattered waveform model. IEEE Transactions on Geoscience and Remote Sensing, 53(2): 911-919.

Scharroo R, Bonekamp H, Ponsard C, et al. 2016. Jason continuity of services: continuing the Jason altimeter data records as, copernicus Sentinel-6. Ocean Science, 12(2): 471-479.

Smith L C, Sheng Y, MacDonald G M, et al. 2005. Disappearing Arctic lakes. Science, 308: 1429.

Solander K C, Reager J T, Famiglietti J S. 2016. How well will the Surface Water and Ocean Topography (SWOT)mission observe global reservoirs?. Water Resources Research, 52(3): 2123-2140.

Song C, Ye Q, Cheng X. 2015. Shifts in water-level variation of Namco in the central Tibetan Plateau from ICESat and CryoSat-2 altimetry and station observations. Science China, 60(14): 1287-1297.

Sørensen L S, Simonsen S B, Nielsen K, et al. 2011. Mass balance of the Greenland ice sheet (2003–2008) from ICESat data—the impact of interpolation, sampling and firn density. Cryosphere, 5(1): 173-186.

Villadsen H, Deng X, Andersen O B, et al. 2016. Improved inland water levels from SAR altimetry using novel empirical and physical retrackers. Journal of Hydrology, 537: 234-247.

Wingham D J, Rapley C G, Griffiths H. 1986. New Techniques in Satellite Altimeter Tracking Systems. Zurich: IGARSS 86 Symposium.

Xue H, Liao J, Zhao L. 2018. A modified empirical retracker for lake level estimation using Cryosat-2 SARin data. Water, 10: 1584.

Zhang Y H, Zhai W S, Gu X. 2014. Experimental demonstration for the attitude measurement capability of interferometric radar altimeter. Gdansk: 15th International Radar Symposium.